天宫空间站运行规则大揭秘

钱航 段立欣 著

中国妇女出版社

图书在版编目（CIP）数据

天宫空间站运行规则大揭秘 / 钱航，段立欣著. 北京 ：中国妇女出版社，2025. 7. -- ISBN 978-7-5127-2470-9

Ⅰ. V476.1-49

中国国家版本馆CIP数据核字第2025C1M568号

责任编辑：张凌云
封面设计：介末设计
责任印制：李志国

出版发行：中国妇女出版社
地　　址：北京市东城区史家胡同甲24号　　邮政编码：100010
电　　话：（010）65133160（发行部）　　65133161（邮购）
网　　址：www.womenbooks.cn
邮　　箱：zgfncbs@womenbooks.cn
法律顾问：北京市道可特律师事务所
经　　销：各地新华书店
印　　刷：鸿博昊天科技有限公司

开　　本：165mm × 235mm　1/16
印　　张：12.25
字　　数：160千字
版　　次：2025年7月第1版　　2025年7月第1次印刷
定　　价：59.80元

如有印装错误，请与发行部联系

目录

第一问

“太空房子”到底有什么用？

为什么不论小孩还是大人，都会为太空着迷呢？因为太空就像一个巨大的神秘宝库，里面藏着无数奥秘和惊喜，等待人类去探索。

空间站就是人类在这个宝库里搭建的一座移动着的超级大的“太空房子”。

不过，空间站不像地球上的房子一样能稳稳地停在太空中。目前，空间站需要在地球轨道上飞行。这座“太空房子”不仅是航天员、科学家到太空中临时巡访、长期居住和工作的场所，也是在太空进行科学研究和观测的平台。

在这里，可以进行各种神奇的实验，探索宇宙的奥秘，了解宇宙的起源和发展等，还可以帮助人们更好地观测地球。

换个角度，从太空俯瞰人们居住的蓝色星球，能够更全面地了解地球的气候、环境变化，还能监测地球的自然灾害，从而进一步保护人类的家园。

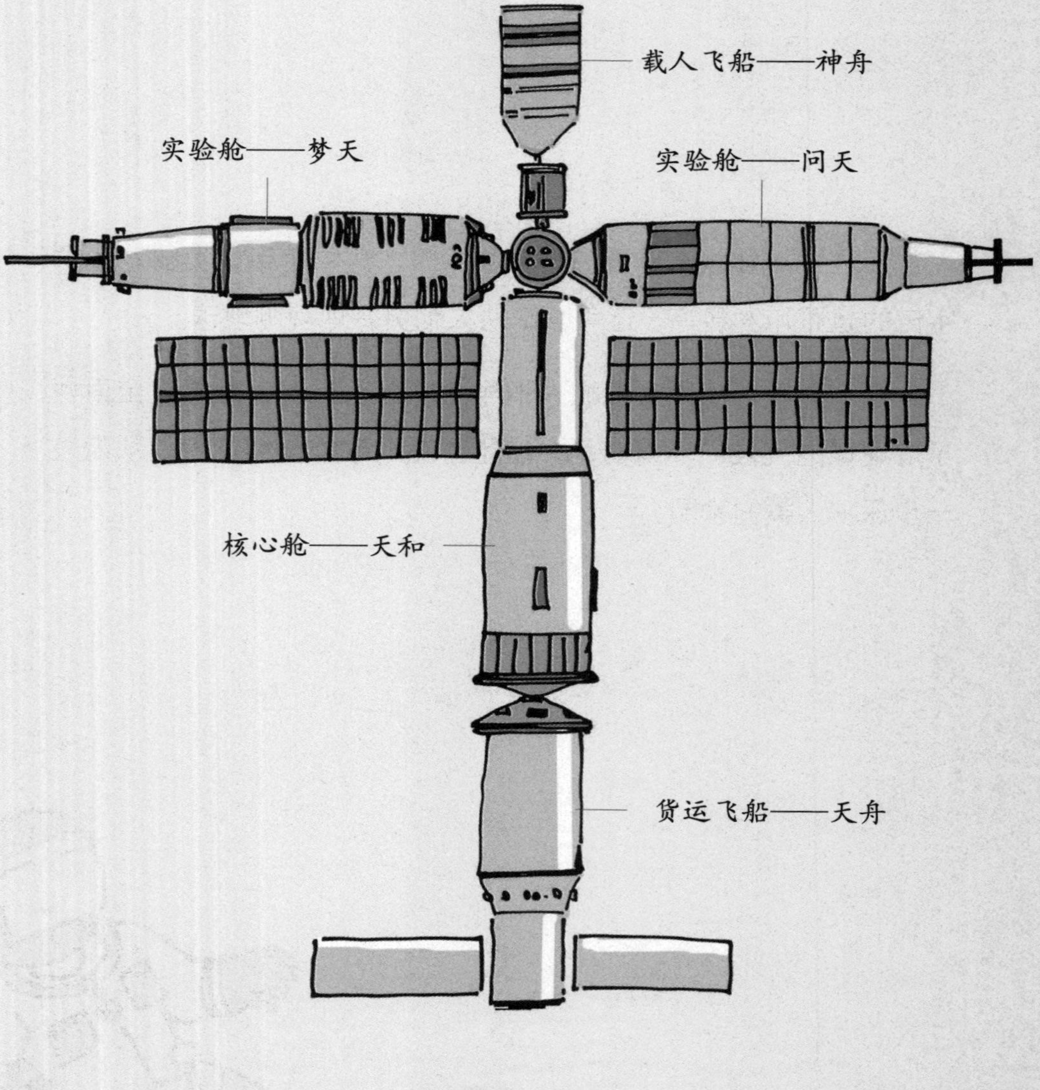
载人飞船——神舟
实验舱——梦天
实验舱——问天
核心舱——天和
货运飞船——天舟

截至2025年年初，太空中已经有好几个空间站，那中国的天宫空间站到底有哪些特别之处?

天宫空间站是模块化的设计，每个舱段就像搭积木一样，组合在一起。未来它还可以根据需要继续扩展、壮大、升级。

目前，从外形上看，天宫空间站采用了“T”字构型。

“T”字构型的巧妙之处在于，它的结构非常对称，有利于整个组合体的飞行。它受到的地心引力、大气扰动等影响比较均衡，天宫空间站姿态控制消耗的推进剂和其他资源相对较少。

天和核心舱是天宫空间站的重要模块，就像“T”字中间的一竖。“T”字左右两边组成的一横，分别是问天实验舱与梦天实验舱，它们也是天宫空间站的组成模块。除此之外，天宫空间站还有载人飞船和货运飞船。

从新闻中可以了解，天宫空间站的两对大型太阳翼，不仅有惊人的臂展，还可以像大风车一样转动。

这样设计是因为不管空间站用什么样的姿势飞行，都可以接受阳光的照射，从而实现随时随地、每时每刻都能高效发电，为空间站提供充足的能源。

模块化设计，可以保证天宫空间站因为设备维护与更换，或者因一些实验需要特定的压力，给空间站的某个舱段进行正常的工作泄压时，都不影响其他密封舱段，也保证了航天员的安全。同时，作为“T”字那一“竖”的天和核心舱，依然可以保持“前向、后向、径向”三向对接的能力。

说到飞船和空间站的对接，天和核心舱的对接能力就非常了不起。

天和核心舱有多个对接口。后向对接口可以对接货运飞船，前向、径向几个对接口可以与载人飞船以及其他实验舱进行对接。

这就像一个太空的“交通枢纽”，各种航天器都在这里汇聚和连接，形成一个完整的空间站。

天宫空间站不仅具备多种科学实验设施，能够满足不同类型的科学研究需求，而且还配备先进的通信和导航系统，能够保证这座超级大的“太空房子”与地面保持高效通信和接收精确导航。

值得一提的是，天宫空间站特别注重航天员的生活和工作条件，有舒适的居住空间、完善的生命保障系统，能够让航天员在太空中长时间地工作和生活。

那空间站内部具体是什么样的？接下来的内容会慢慢讲。

第二问

空间站的“大脑”在哪里？

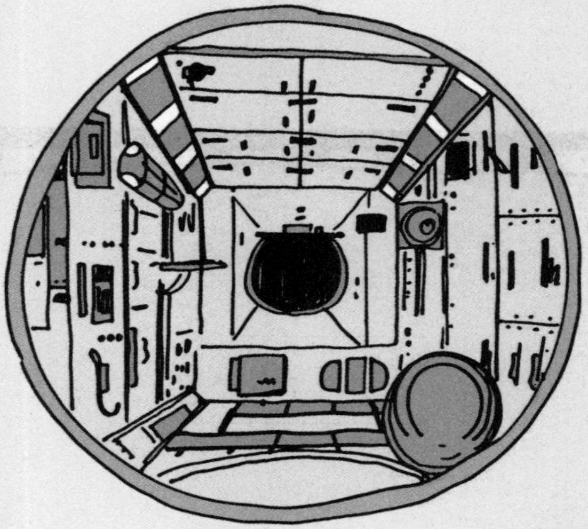

人类有大脑，手机有“大脑”，飞船有“大脑”，空间站当然也有“大脑”。中国天宫空间站的“大脑”和“中枢”就是天和核心舱。

先看看天和核心舱到底有多大吧！

它长约 16.6 米，最大直径约 4.2 米。做个直观的比喻，天和核心舱比五层楼房还要高，比火车的车厢要宽。整个体积比国际空间站（International Space Station）的任何一个舱段都大。所以航天员入驻天宫空间站后，活动空间非常宽敞。

这么高大的舱段，体重当然轻不了，它相当于 3 辆大客车的重量呢！如果把它放在一个足球场上，那肯定是一个非常显眼的大家伙。

外表这么强壮，里面是什么样子呢？一起来看看。

先来说说天和核心舱的生命保障系统。

在太空中没有空气，也没有水，但别担心，天和核心舱有一套设备可以将资源循环利用，减少氧气、水等消耗品的上行携带量。

它能够把废水净化成可以再次使用的水，还能制造氧气，让舱内始终保持适宜的温度、湿度和气压，为航天员创造一个舒适的工作和生活环境。

走进天和核心舱内部会发现，这里面有很多不同的区域，每个区域都有自己独特的功能。

有供航天员工作的区域、生活区，还有休息的睡眠区。

在睡眠区，每一位航天员都有各自独立的睡眠环境和专用卫生间，这样就不会出现使用一个厕所的尴尬了。

航天员睡觉不是躺在床上，而是睡在固定在舱壁上的睡袋里。因为在微重力环境下，任何没有固定的物品都会飘来飘去。睡眠区还贴心地设计了“窗户”，航天员在休息的时候能够欣赏到美丽的太空景色，甚至可以回望地球家园。

接下来说说就餐区。这里竟然配置了适合太空环境的微波炉、冰箱和饮水机。

即使在太空中，航天员也能吃到美味的食物。不过由于没有重力，食物不会乖乖地待在盘子里，航天员只能用特殊的餐具和方法来进食。

运动区域的设备可以说是种类繁多，太空跑台、太空自行车、抗阻拉力器等，都是适合在太空健身的器材，用来满足航天员日常锻炼的需求。

与此同时，天和核心舱还有强大的通信系统。它就像一个太空“电话亭”，让航天员能够和地面的指挥中心保持联系，随时汇报工作情况，也可以和家人、朋友聊天。

航天员在天和核心舱里除了工作、健身、吃饭、休息，还会做各种科学实验。比如观察植物在微重力环境下的生长情况，研究材料在太空的特性，等等。

我们在地球上看到的，航天员为小朋友、大朋友进行的“太空授课”，就是在天和核心舱完成的。

天和核心舱的舱外有一个大机械臂。它的展开长度有 10 米，最大承载质量 25 吨。这个大机械臂就像一只超级灵活的“大手”，可以帮助航天员完成舱外任务，搬运货物、进行设备的安装、舱外维修等，都不在话下。

单是一个天和核心舱就有这么多有趣的内容，是不是对探秘整个空间站更有兴趣了？那就来吧，接下来看看“T”字形的“横”。

第三问

问天实验舱有什么秘密？

这里是有趣的问天实验舱，也是天宫空间站的一部分。

问天实验舱是一个生物实验室，它的外形流畅，长 17.9 米，直径约 4.2 米，整体看起来就像一节长长的银色火车车厢。

问天实验舱重约 23 吨，相当于 15 辆家用轿车那么重。

在这个重量下，它还携带了大量的科学实验设备和生活支持系统，用于支持航天员驻留、出舱活动。

同时，问天实验舱还有一个特殊功能，就是作为天和核心舱的备份，对空间站进行管理。

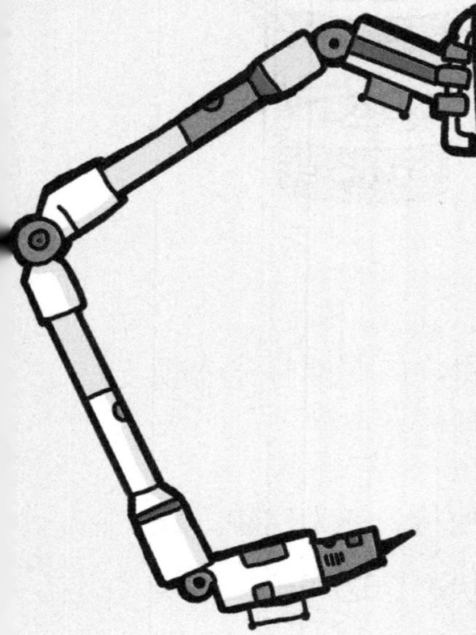

问天实验舱的外部有一只“巨型翅膀”——柔性太阳翼。与天和核心舱一样，它也搭载了一个机械臂。

相比天和核心舱配备的大机械臂，问天实验舱的机械臂显得“短小精悍”。天和核心舱大机械臂的手臂足够长、力气足够大，可以抓住并转移一个完整的航天器。

问天实验舱的机械臂大约长5米，承载能力只有3吨，被称为“小机械臂”。这只“小手”用来抓握中小型设备，独立完成舱外载荷的安装，进行精细化操作。

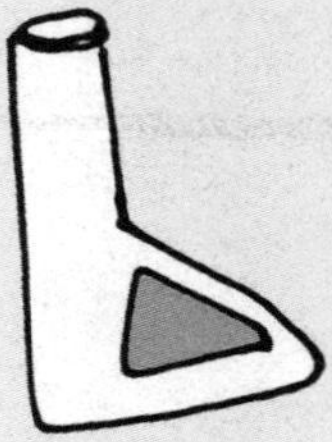

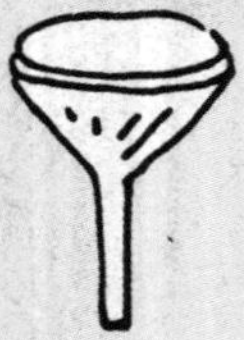

问天实验舱外表光彩夺目，内部同样令人惊喜满满。

问天实验舱的环境非常独特。在太空中，没有地球的重力，处于微重力状态。这对于生物实验来说是一个全新的世界。

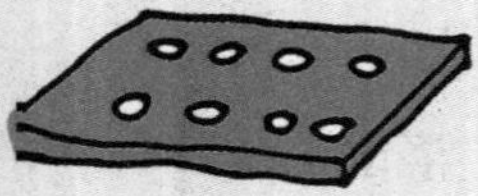

这种特殊的环境为科学家研究生物的生长和变化提供全新的视角。

比如，在地球上，水因为重力作用向下流，但在微重力环境中，水变成一个个漂亮的水球飘浮在空中。

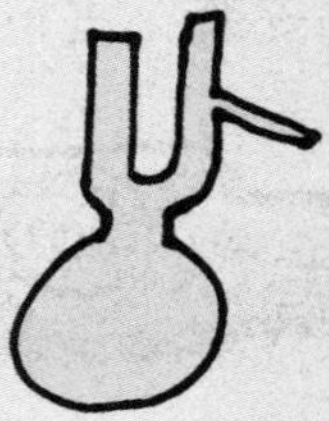

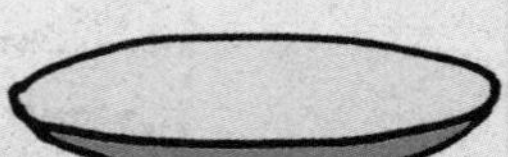

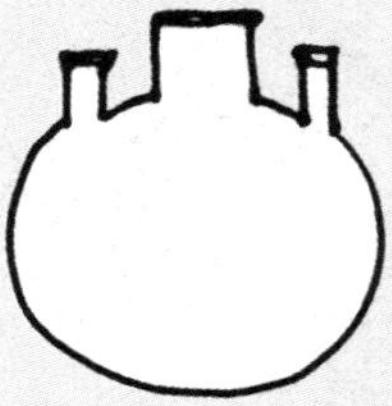

在地球上，植物的根系向下生长。微重力环境下，植物的根会朝着各个方向伸展吗？

在问天实验舱中，有一种叫生命生态实验柜的设备，可以为细胞提供适宜的生长环境，让科学家观察细胞在太空中的变化。此外，还有空间植物栽培装置（SVCF），就是我们常说的“太空菜园”。在这里植物种子能够发芽、生长，航天员也能观察到它们在微重力的情况下长成什么样。

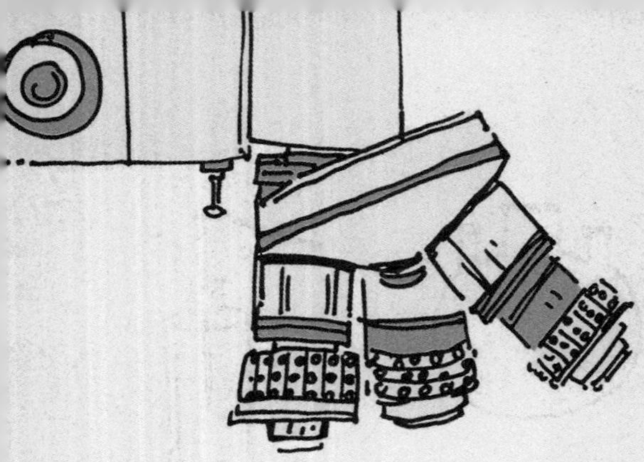

大家可能对动物实验很感兴趣。斑马鱼在太空中会有什么古怪行为？蚕宝宝在太空还能不能吐丝？和人类基因相近的果蝇，在微重力的环境下，基因会不会发生改变？

通过这些实验，可以了解太空环境对动物身体的影响。

在太空中的微生物实验很重要。

微生物在太空环境中可能会发生一些奇特的变化：它们的繁殖速度、代谢方式可能会与在地球上不同。

研究这些变化，对于保障航天员的健康、防止太空微生物对航天器造成损害非常重要。

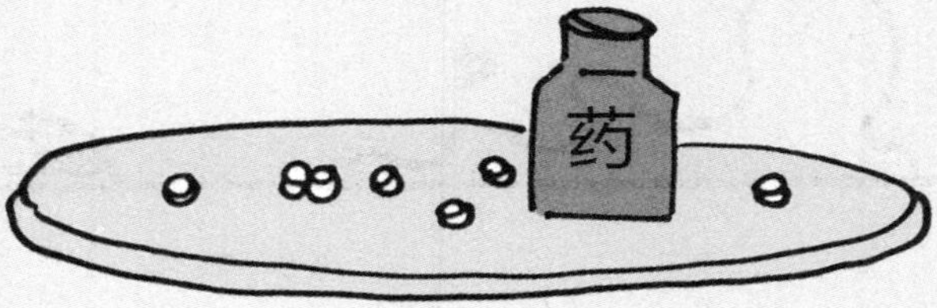

除了这些直接的生物实验，科学家还可以在太空中制造新生物材料，合成新药物。这些研究可能会在未来的工业和医学中发挥作用。

有趣的是，问天实验舱虽然是生物实验舱，但可以在这里进行很多跨学科研究。

也就是说，不仅仅生物学家可以在里面工作，物理学家、化学家、工程师等都可以在这里工作。

比如，在研究植物生长的实验中，生物学家关注的是植物的生理变化；化学家分析植物体内的化学成分有什么改变；物理学家和生物学家共同研究光在太空中的传播和对植物光合作用的影响。

大家在问天实验舱一起合作，从不同的角度解决问题，探索未知。

事实上，在空间站中种植出的小番茄、生菜，已经可以采摘食用，成为航天员的“营养加餐”了。

如果未来能在太空中建立大片的农场，种出更多新鲜的蔬菜和水果，那该有多美妙啊！问天实验舱的实验，就是朝着这个方向迈出的重要一步。

总的来说，问天实验舱里的实验结果，不仅能帮助人们了解太空生物的奥秘，还会对地球上的农业、医学和环境保护等领域产生影响。

第四问

为什么需要两个实验舱？

上一问讲解了问天实验舱，有小伙伴可能会奇怪，那天宫空间站中的另一个实验舱——梦天实验舱又是研究什么的？

这个问题很好。梦天实验舱是一个物理实验室。

梦天实验舱长约 17.88 米，直径和问天实验舱相似，大约是 4.2 米。乍一看去，它和问天实验舱“长得很像”，但它比问天实验舱更加浑圆。

梦天实验舱大约 23 吨重，它与天和核心舱、问天实验舱实现了控制、能源、信息、环境等功能的并网管理。

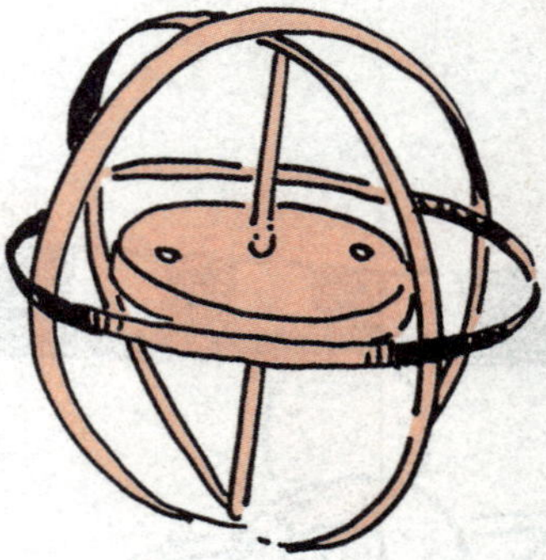

天和核心舱有大机械臂，问天实验舱有小机械臂，那梦天实验舱呢？

梦天实验舱虽然没有“手臂”，但它可以指挥两只机械臂来梦天实验舱“帮忙”，辅助进行舱外维护、载荷照料等工作。

另外，梦天实验舱与问天实验舱一样，有“巨型翅膀”——柔性太阳翼。

为保证交会对接“又稳又准”，设计团队首创了太阳翼的“二次展开”技术。简单说就是先部分展开，满足能量需求，等对接完成后再全部展开，建立完整的能源系统。

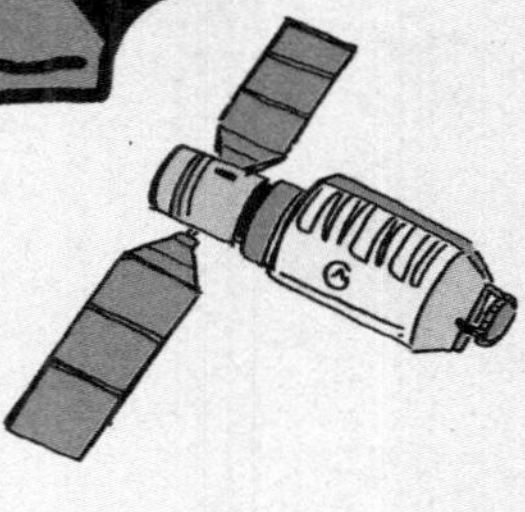

接下来一起踏入梦天实验舱吧。

在地球上，重力让一切物体都有“上下之分”，在梦天实验舱里，这种熟悉的规则消失了。在地球上抛一个普通的小球，它会迅速落下。但在梦天实验舱中，这个小球会飘浮在半空中。

地球上水滴的形状，很多小朋友都可以轻松画出来。但在微重力环境下，水在半空中会形成完美的球形液滴，就像地球上一颗颗晶莹剔透的珍珠。

如果把两个小水球靠近，它们还会神奇地融合在一起，形成一个更大的水球。这就是微重力环境下液体的表面张力在起作用。

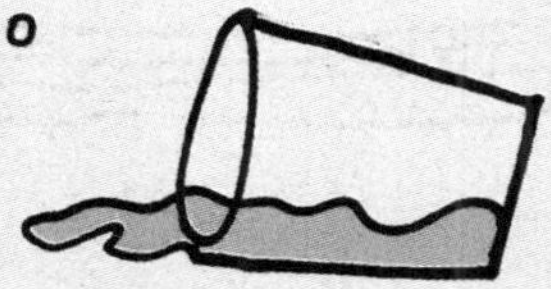

再来看看梦天实验舱里的热物理实验。

在地球上，热空气上升，冷空气下降，人们因此可以感受到温度差异和气流运动。在太空中，由于没有对流，热量传递的方式就发生了巨大变化。

在梦天实验舱里，还有一个有趣的实验，那就是燃烧实验。

在地球上，火总是向上燃烧，形状受到空气流动的影响，“屁股”圆圆的，“头发”尖尖的，被称为火苗。

在梦天实验舱里，火也会变成球形，就是“火球”。它燃烧的速度和方式与地球上完全不同。

通过研究这种特殊的燃烧现象，科学家可以更好地了解燃烧的本质，为地球上合理利用能源和防火安全提供重要的依据。

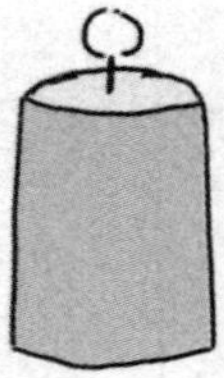

说到材料科学实验，梦天实验舱是绝佳的场所。

在地球上，由于重力的影响，材料在制作过程中会出现成分不均匀、结晶缺陷等问题。在太空中，材料能够均匀地生长和结晶，从而获得更高质量的材料。

举个例子，从严格意义上说，在地球上无法制作出一个绝对圆的滚珠。但在梦天实验舱的微重力环境中，是可以轻易制作绝对圆的滚珠的。

天宫空间站的两个太空实验舱，都可以进行跨学科实验，不同学科的融合和交叉往往会产生意想不到的创新成果。

这些实验成果，不仅是为了满足人们对科学研究的好奇心，还有实实在在的应用价值。因为在太空中进行的各种实验，是为实现拥有更加高效的能源系统、更先进的医疗方案、更智能的交通工具的目标而设计进行的。

参与实验的科学家，就像勇敢的太空探险家，需要克服太空环境中的各种困难和挑战，精心设计实验方案，准确操作实验设备，仔细分析实验数据。

这些努力和付出，为中国的科学研究打开了一扇又一扇通往未知世界的大门。

第五问

空间站是“静”还是“动”？

前面说过，空间站就像一座超级大的“太空房子”。

宇宙中没有地球上那样平坦的地面，让这座“大房子”稳稳地扎根在那里。所以，空间站需要在浩瀚的宇宙中不停飞行。

在飞行过程中，空间站想要飞得更平稳，就得不断地调整自己的姿态，就像在滑冰场上快速滑行需要及时调整姿态一样。这就是今天要讲的姿态调节。

是什么“神秘力量”帮助这么大的空间站随时调整姿态呢？

这种“神秘力量”就是控制力矩陀螺和号称“太空舞蹈大师”的飞船的制导（Guidance）、导航（Navigation）与控制（Control）分系统，简称 GNC 分系统。

控制空间站的姿态，通常有两种方式：一种是喷气；一种是使用控制力矩陀螺。

喷气需要消耗燃料，而且发动机的喷管有工作次数限制，为了保证空间站的长期运行，一般都采用力矩陀螺来控制姿态。

控制力矩陀螺就像空间站里的超级大力士，通过高速旋转的飞轮获得力量，然后改变力量的方向帮助空间站调整姿态。

空间站上的控制力矩陀螺工作环境很复杂，有的在舱内，有的在舱外。舱外的温差特别大，一会儿超级热，一会儿格外冷。科学家想出了办法，给它们做特别的热控设计，让它们能在恶劣的环境下正常工作。

值得一提的是，控制力矩陀螺不需要消耗燃料，这是不是很神奇？

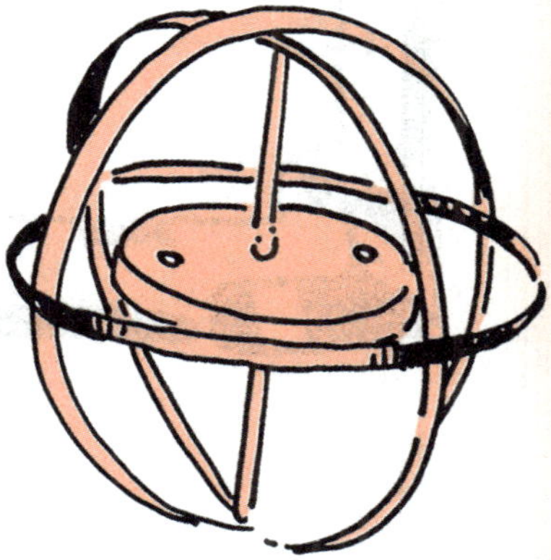

再来说说飞船的制导、导航与控制分系统，它就像空间站的大管家，要管的事情特别多。

比如，空间站舱段在发射的时候，如果舱段和核心舱对接过程会让空间站的姿态出现偏差，“大管家”就要赶快把姿态调整好。

当有载人飞船或者货运飞船访问空间站时，对接和分离的时候也会对空间站的姿态产生干扰，“大管家”也要迅速解决这些问题。

空间站就像一个会变形的大机器人，有时候是这个样子，有时候是那个样子，每一种样子在太空中飞行需要的力量和方式都不一样。

“大管家”很聪明，能根据空间站的不同构型，选择最好的控制方案，让空间站不管变成什么样都能稳稳地飞行。

“大管家”还有一个很重要的任务，就是节省燃料。毕竟在太空中，燃料是很宝贵的。

科学家为“大管家”设计了特别的姿态控制算法，以便它在少用燃料的基础上让空间站飞得更久。

空间站有时候会像一架“大秋千”一样，慢悠悠地晃动，这是因为它的帆板在振动。

中国空间站在完成最大构型，即“三舱”（天和核心舱、问天实验舱、梦天实验舱）+“三船”（两艘载人飞船、一艘货运飞船）时，帆板数量达到 12 块，每块帆板都按照自己的频率振动。这时“大管家”要想办法控制这种晃动，让空间站保持稳定。

在整个空间站建造过程中，制导、导航与控制分系统一直在努力工作。从最初的天和核心舱发射，到后来的各种飞船对接、转位，还有航天员的出舱活动等，它都表现得非常出色。

GNC 分系统努力工作让空间站在太空中跳出了完美的舞步。

第六问

离开空间站需要锁门吗？

航天员离开空间站后，空间站需要锁门吗？如果不锁门，会不会有外星人进入？

目前暂时还不清楚有没有外星人，但是，如果没经过允许，“陌生人”是无法轻易进入天宫空间站的。毕竟，想要进入空间站，先要把两个航天器连接在一起，这个专业术语叫交会对接。

现在，就让我们来了解一下什么是交会对接吧！

简单来说，交会对接就是两个航天器在同一时间、同一位置以相同的速度和姿态会合，然后“手牵手”严丝合缝地连接成一个整体。

空间站一直在飞，飞船怎么才能追上它呢？这里面有很多巧妙的步骤。

首先，宇宙天体的轨道是有规律的——轨道越低，航天器运行的角速度就越快。

天宫空间站在约 400 千米的高度绕着地球转，转一圈需要 1.5 小时。而同步轨道的卫星如果在 36000 千米的高度，那它绕地球一圈就得 1 天。

所以，要让飞船的轨道距地球的高度低于空间站，它才能像跑步比赛中的追赶者一样，逐渐追上空间站。

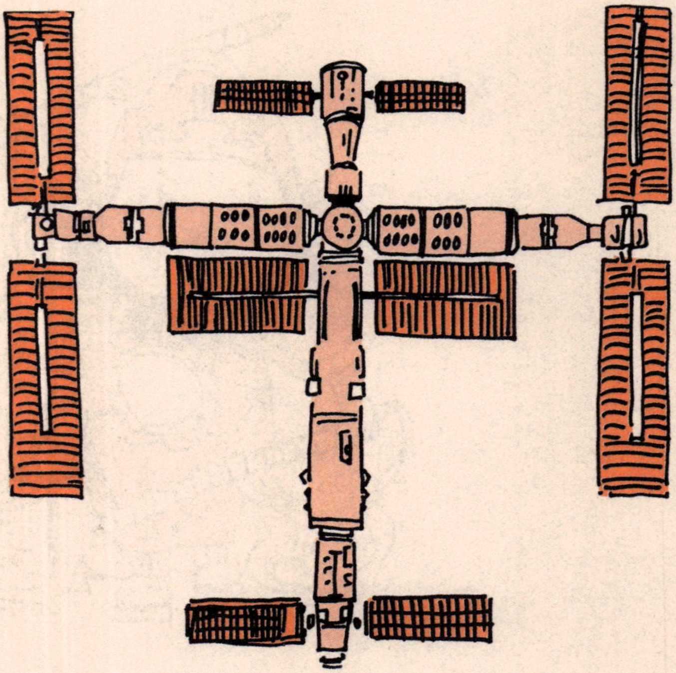

同时，空间站会配合飞船调整轨道，就像在给飞船创造有利条件一样。这个交会对接的过程可能会出现偏差，这时候需要飞船不断调整自己的角度和位置。

飞船在远距离追踪空间站时，要靠地面站或者卫星导航来确定位置。等靠近后就可以通过飞船上的测量设备直接“交流”了。

它们会“说”：“你在哪个位置啊？你的速度是多少啊？”

只有“好朋友”才有这种彼此配合的默契。

还有一个有趣的知识就是，飞船在追赶空间站的过程中会设置飞船停泊点。

就像跑马拉松过程中的休息站一样，飞船可以在停泊点换装备，检查有没有故障，调整时间，等太阳不晃眼了再继续前进。

飞船终于追上空间站，完成“交会”后，激动人心的“对接”就要开始了。

两个航天器接触的碰撞能量通过专业技术处理会被缓冲、吸收，两对接端面被拉近，靠拢后通过机械锁系紧紧连接在一起。

飞船不仅可以从空间站的前后方向对接，还能从下方沿着地球半径方向向上对接，这就是径向交会对接。

交会对接有自动和手动两种模式。

自动模式很方便，但手动模式有它的厉害之处，控制精度高就是一种体现。在关键时刻，航天员可以像超级英雄一样，凭借自身能力解决交会对接过程中可能出现的突发问题。

作为天地往返的运输工具，飞船不是永久连接在空间站上的。飞船完成任务也许需要几个月，也许需要半年，之后飞船就要按照预定程序和要求，安全、准确地与空间站脱离连接，并进入各自独立飞行轨道，且在分离后，飞船和空间站的各系统都能正常工作，不会出现异常情况。

飞船和空间站这样可靠分离后，返回舱会把航天员送回地球。

说到对接，就不得不佩服我们智慧的祖先。很早以前，中国的传统建筑上就用到榫卯结构。仔细观察可以发现，榫的头部略细，卯的入口稍宽，这样它们就能巧妙地“卡”在一起。

航天器空间对接的接触面构造，可以说是更加精密的榫卯结构。通过特殊的几何导向，让两个航天器对接机构严丝合缝，“你中有我，我中有你”地结合在一起。对接的过程是极其严谨又安全可靠的。

想想看，在太空中两个航天器一点点靠近、调姿，最终成功对接并锁定在一起，是多么令人激动的时刻啊！

所以大可放心，就算空间站不锁门也没关系，因为如果没有这样彼此的“绝对信任”，没有完美的配合，就算是外星人的飞船，也无法交会对接到空间站上，自然也不会有“陌生人”从飞船上擅自闯入空间站了。

第七问

空间站的外壳有多强大？

中国空间站外壳到底有多结实，能让它长时间在太空环境中稳稳地运行？是不是像端午节的粽子一样，左一层右一层包裹了好多层外衣，这样才安全呢？

今天就来了解一下，中国空间站的外壳到底有多厉害。

太空不像地球这么“友好”，那里充满了各种各样的挑战。

挑战一：几乎真空的状态。

太空和地球上的压强不一样，这对空间站的外壳是个不小的考验。

为了应对这个问题，空间站的外壳结构设计得非常巧妙。

它是特殊金属材料搭建的框架，框架结构设计十分精巧，可以把整个空间站支撑起来，让它能够承受太空的压力差。

空间站的舱壁是由多层结构组成的，最外层的材质可以说是“铠甲”，能够抵御外界的撞击，同时帮忙分担压力。中间的特殊结构和材料，可以让压力均匀地分散开。空间站舱壁的各层结构就像手拉手的小伙伴一样协同工作，稳稳地扛住太空压力。

挑战二：太空辐射——这是个很棘手的问题。

不过别担心，空间站的外壳有厉害的防辐射妙招。空间站的外层，有一种叫“热控涂层”的神奇东西。

它就像空间站的反光“防护服”，可以吸收或者散射那些试图穿过舱壁的辐射粒子。也就是说，当有害射线射过来碰到这件“防护服”时，不是被分解，就是被反弹回去了。有了它的保护，空间站里的航天员和设备就安全了。

挑战三：微流星体的碰撞。

要知道，这些“小淘气”在太空中的速度可快了，一旦

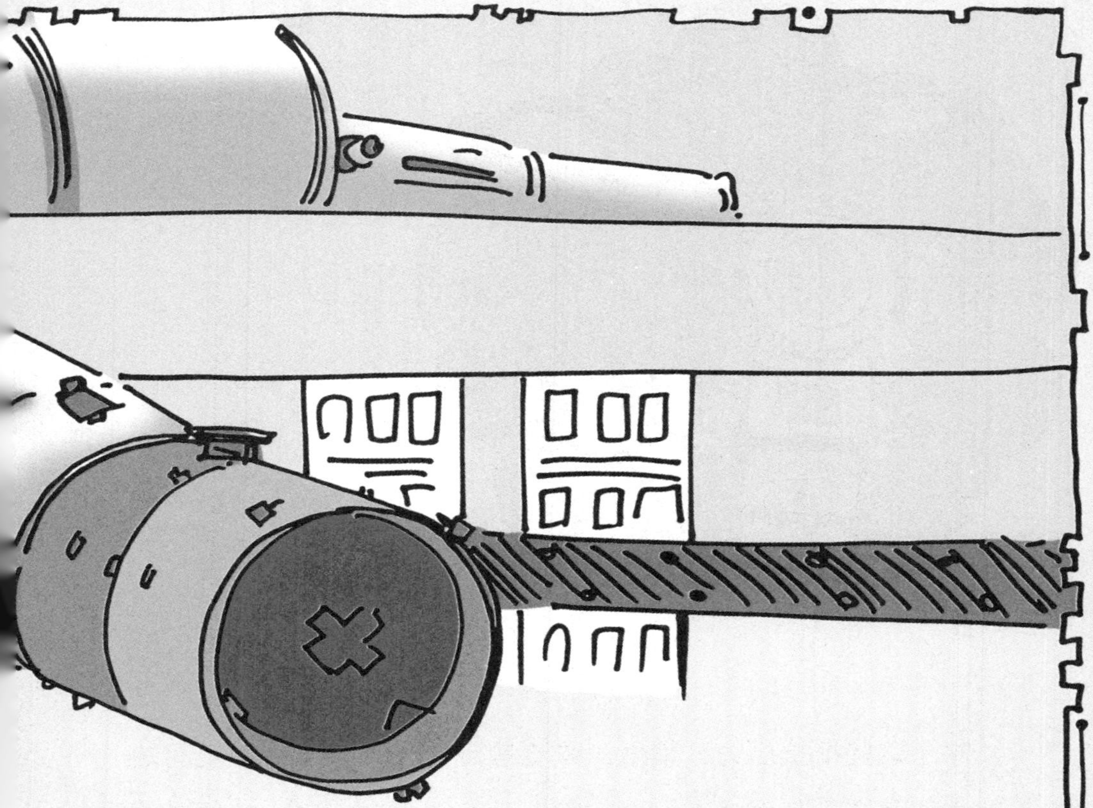

撞上空间站，冲击力可小不了。还好，前面说的“铠甲”似的外层结构，不光抗压，还能在一定程度上抵御微流星体的撞击。

另外，科学家还在空间站的外壳上安装了小型的监测设备。

这些监测设备像“侦察兵”，时刻关注着周围有没有微流星体靠近。一旦发现有危险，地面的控制中心和空间站里的航天员就提前做好准备，采取措施来尽量避免碰撞或减轻碰撞。

除了这些抵抗压力、辐射、微流星碰撞的本领之外，空间站的外壳还有很多其他功能。比如它上面有很多对接口，方便其他的飞船或者舱段来和空间站对接，让空间站不断有新的“伙伴”加入，变得越来越强大。

空间站的外壳上安装了好多太阳能电池板的接口，那些大大的“翅膀”——太阳能电池翼就是通过这些接口和空间站相连的。

总之，有了“超级机甲”外壳的默默守护，航天员能在空间站中安心工作、生活，也让中国的太空探索不断发展壮大。

第八问

谁是航天员的“保镖兼保姆”？

当航天员在遥不可及的太空生活、工作时，是谁在保护他们呢？没有保镖，也没有保姆，默默地守护航天员的是再生生命保障系统。

这个系统有多厉害？一起来了解一下吧。

在太空中，资源是非常宝贵的。如果没有保障，航天员的生存将面临很大的挑战。再生生命保障系统，就像航天员生命的“守护伞”，它包括“环境控制”和“生命保障”两个方面。

先来说说环境控制，它的任务是调节舱内的大气总压、氧含量、风速流场、二氧化碳，及各种微量有害气体浓度、空气洁净度、温度、湿度等。

环境控制不仅仅是“管”呼吸，还在舱内进行大量降噪优化工作。吸音罩、隔声板、隔振器、减震垫等都是为了给航天员营造安静的工作、休息空间。

航天员在空间站就像住进了一个温馨的家，有适宜的温度、清新的空气和安静的工作环境。这些多亏了环境控制的努力。

这个系统的第二个任务是保障生命安全。再生生命保障系统可以实现资源的再生利用，这是它神奇的地方。

在空间站里，水和氧气是非常重要的资源。

再生生命保障系统可以把航天员的汗液、呼出的水汽都收集起来，通过冷凝干燥组件，净化为可饮用的再生水。值得一提的是，就连尿液都能被收集处理为可饮用的纯净水！

不要笑，这种净化后的水比地球上喝的一般纯净水还要卫生，只需要克服心理障碍，就可以放心饮用了。

通过电解制氧系统，空间站可以自己利用循环水电解制氧。舱内收集的二氧化碳和电解水时产生的氢气又为再次获得水提供“原料”。

这样一来，水和氧气等资源就可以在空间站里“你变成我，我变成你”无限循环了。

在密闭的空间站中，再生生命保障系统就像一个细心又全面的“保镖兼保姆”，不断地把航天员产生的废弃物变成有用的资源。这不仅减少了对地面补给的依赖，还为空间站的长期运行提供了有力保障。

未来，空间站还可能利用生物再生式技术实现食物再生。这样一来，空间站就可以进一步实现物资的循环使用啦！

除了资源再生的功能，再生生命保障系统还有一个很重要的作用，就是与空间站的各个舱段紧密配合。

问天实验舱作为天和核心舱的备份，会配合天和核心舱统一管理，控制整个空间站的载人环境，充分发挥了“双保险”作用。

有了再生生命保障系统这个“保镖兼保姆”，航天员可以在空间站里更加安心地生活、工作。

第九问

神秘“魔方”到底是什么？

经常关注航天资讯的小伙伴会奇怪，在空间站这么多高科技的设备中，怎么总会看到一个像玩具一样的“魔方”呢？

其实这个像魔方的小玩意叫色卡，它有非常重要的使命。

在地球上，摄影师想拍摄漂亮的照片或者精彩的视频，会用各种辅助工具让画面变得更完美。

在空间站里也一样，色卡就是拍摄时需要用到的一种辅助工具。

说到色卡，先来认识一下色温。简单来说，色温就是不同的光线会有不同的颜色和温度感觉。

比如，早上的阳光比较柔和，颜色偏黄；中午的阳光很强烈，颜色就比较白。在拍摄的时候，如果不把色温调整好，画面的颜色就可能变得怪怪的。

色卡能够纠正拍摄时的色温异常，让画面颜色更加真实、漂亮。

相机在空间站里拍摄，如果没有色卡，拍出来的画面可能偏蓝或偏黄，看起来像旧照片一样灰蒙蒙的。

有了色卡，相机就能根据当时的色温自动进行调整，就好像给相机戴上了一副眼镜，让航天员在空间站中工作的画面、“太空授课”时的视频都拥有更真实的颜色。

除了还原真实颜色的工具，空间站里辅助拍摄的工具还有分辨率测试板。想要照片或视频清晰度高，分辨率测试板是神奇武器。

因为空间站的环境和地球不一样，那里没有和地面完全一样的大气压，相机镜头在太空会发生一定的形变。所以在太空拍照之前，必须对相机进行校色，调整分辨率，这样才能拍出真实、清晰的照片。

在空间站里，除了色卡和分辨率测试板，还有一个更厉害的东西，就是“视觉标定板”。

这个标定板看起来就像柜子上的孔板，很不起眼，但它的作用非常大。

空间站里有很多摄像机在同时工作，它们就像很多双眼睛同时观察周围的一切。这些“眼睛”看到的东西怎么变成有用的信息呢？

此时，视觉标定板就发挥作用了，主要用在人工智能的视觉图形识别上。

有了它，摄像机可以对空间站进行空间数据采集，地面上的工作人员能够通过处理这些数据，把航天员的动作特征变成可识别状态，把空间站变成三维立体空间。这样一来，地面的人仿佛置身其中。

这样，工作人员就可以更全面、更细致地了解空间站里的情况了。

如果航天员在工作的时候出现突发状况，地面上的工作人员马上就能发现，及时提供帮助；空间站里的设备出现小问题，通过这些数据能很快找到原因。

天宫空间站应用的“机器视觉技术”，在世界上非常先进。

这些像魔方一样的色卡、分辨率测试板和视觉标定板等，虽然看起来不起眼，却发挥着巨大的作用。

所以，当再看到关于空间站的新闻或者图片时，不要只觉得好玩，要多想想它背后的科学知识。

说不定，未来的某一天，你会成为航天科研工作者，为中国的航天事业作出更大的贡献。

第十问

空间站需要“门神”吗？

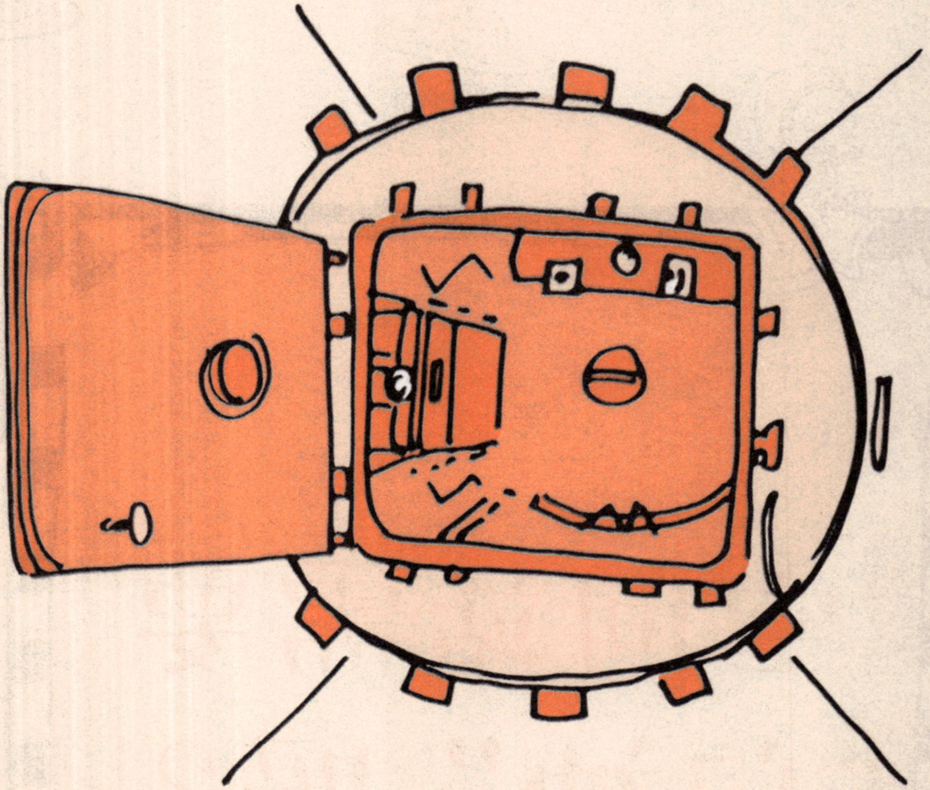

如果说空间站需要“小门神”来守护，会觉得是在开玩笑吧？

其实这个“小门神”只是一个比喻，它的真实身份是空间站里非常重要的小仪器，叫舱门快速检漏仪。它确实是来“守门”的。

前面提到，空间站就像一座超级大的“太空房子”，航天员可以在里面生活和工作。可见这座房子的舱门有多重要。

如果舱门密封不好，里面的气体就可能泄漏。这种情况发生在太空中可能有致命的危险。

以前检测飞船舱门的气密性很麻烦。常规的检测仪器不仅又大又沉，检测时间还很长。更麻烦的是，在一些关键时刻还没法使用。

比如航天员从舱外回来关上舱门后没办法马上使用常规的仪器检测。

不过不用担心，现在科学家已经发明了舱门快速检漏仪。它是通过小容积气密性检测技术和舱门的结构与密封压力，进行检测的。

这些名词听起来有点复杂，那换种形式来解释一下。

航天器的舱门有两道密封圈和门框，它们形成了一个小小的空间。舱门快速检漏仪的快速检测方法就是，向这个小空间里充入检测气体，然后通过监测里面压力是否变化，就能知道舱门是不是密封好了。

瞧，只是给这个小空间做了一个特别的“压力测试”，这个重要的大问题就解决了。

值得一提的是，舱门快速检漏仪真的很“聪明”，可以根据不同的“门”，随时改变检测的参数和数据。这样的设计还特别省电，不会给飞船的电能带来太大负担。

在天宫空间站，天和核心舱里有一个节点舱。顾名思义，它作为空间站交通枢纽的节点，人员与货物都经过这里通向空间站的各个舱段。

和人们平时生活中常见到的十字路口、三岔路口不同，这里是立体式的“六岔路口”。也就是说，直径2.8米的节点舱是一个球形舱体，它一共有6个接口：分别是1个前向对接口、2个侧向停泊口、1个径向对接口、1个航天员出舱口以及1个与核心舱小柱段相连的双向承压舱门开口。

节点舱是重要的交通枢纽，各舱体需要和其他的舱体、飞船频繁对接，航天员还要频繁在各舱之间穿行，所以节点舱的舱门会经常打开、关闭。

还好，舱门快速检漏仪能够把气体压力采集的精度控制得非常好，哪怕只有十几帕的变化都逃不过它的“眼睛”。哪怕只有一点点泄漏，它都会发出警报，告诉大家“危险啦，舱门密封可能有问题”。

舱门快速检漏仪就像一个警惕的“小门神”，时刻紧盯着舱门的密封情况，为每一次交会对接、出舱、穿舱提供绝对安全的保障！

第十一问

空间站为什么要寻找太阳？

当人们在地球上享受温暖的阳光时，可能不会想到，在遥远的太空中，空间站在努力寻找太阳。

空间站就像一座巨大的“太空房子”，在浩瀚的宇宙中穿梭。想在太空中保持正确的姿态和方向，就需要有一双敏锐的“眼睛”，这双“眼睛”就是太阳敏感器。

太阳敏感器的工作原理很有趣，像一个专门寻找太阳的小侦探。

对太阳系而言，太阳是一个非常重要的光源。太阳敏感器通过检测太阳光线的方向和强度能告诉空间站它相对于太阳的位置。

假设太阳敏感器发现太阳在左边，空间站太阳能电池翼就会调整方向，让自己更好地面对太阳，就好像向日葵一样，圆圆大大的脸盘始终朝向太阳。

为什么太阳敏感器这么重要呢？

因为空间站上有很多太阳能电池翼，看起来像巨大的翅膀。它们只有吸收了太阳的能量，才能为空间站提供源源不断的电力。

太阳敏感器时刻保持警惕，确保空间站能够以最佳的角度面对太阳，让太阳能电池板“吃”得饱饱的。

太阳敏感器还有一个任务，就是帮助空间站保持稳定的姿态。

在太空中，没有重力帮助物体保持平衡，所以空间站很容易旋转、晃动。

太阳敏感器来帮忙了。它通过监测太阳的位置及时发现空间站姿态的变化，并把这些信息告诉空间站的“大脑”——控制系统，让空间站做出调整以保持稳定。

当然，敏感器不止一种，它的“兄弟姐妹”可多了。

有时候，高精度的太阳敏感器和红外地球敏感器是主要定姿装置，星敏感器作为备份，配合工作。

但是当空间站进入地球阴影区时，星敏感器就成了“主将”，太阳敏感器和红外地球敏感器成了备份。

这种各敏感器互为备份的组合方式，是为了把空间站的姿态控制得更准确、更稳定！

目前这样的配合可以算完美了，空间站就像在太空中跳舞的舞者，太阳敏感器是指挥舞者的编导。

太阳敏感器的本领这么大，本身却非常小巧、精密。它的“小肚子”里装满各种高科技的零件和传感器，可以准确地测量太阳光线的微小变化。而且它很结实，可以从容面对太空中高温、低温、辐射等各种恶劣环境的挑战。

在空间站的运行过程中，太阳敏感器一直在默默工作，从不偷懒。它就像一个不知疲倦的卫士，守护空间站的安全和稳定。

请相信，未来如果人们要去更遥远的月球、火星旅行，太阳敏感器一定会帮助飞船找到正确的方向，确保人们能够顺利地到达目的地！

第十二问

实验舱的“大柜子”里装的是什么？

在浩瀚无垠的太空中，有一个巨大的“天宫”，那就是中国的空间站。

天宫空间站里有很多神秘的“大柜子”，知道它们是做什么的吗？今天，就一起来揭开其中的秘密吧。

第一个柜子叫“无容器实验柜”。

一般做实验需要试管、烧杯、培养皿等，没有容器可以吗？

当然，在“无容器实验柜”里，实验材料不再被装在容器里，它们就像一个个小精灵，悬浮在空中，自由自在地飞舞。

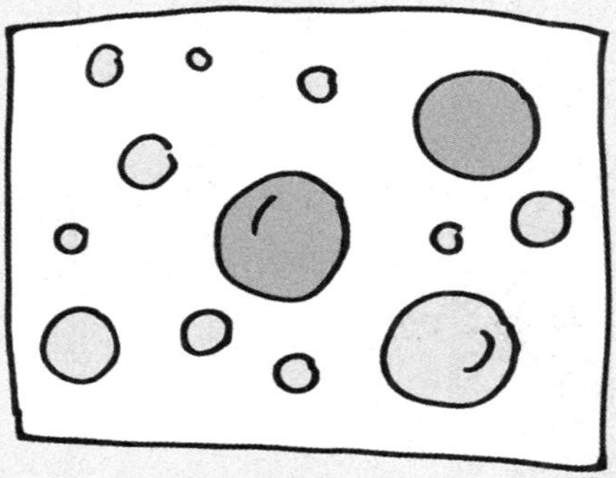

熔融的材料是一个个液滴，也就是圆形的“水球”。它们可以通过静电的力量随意飘浮。如果有容器，这些“圆水球”飘来飘去，很可能碰到容器壁。在太空的无容器环境下，它们就像置身于一片广阔的大草原，尽情地展现自己的本性。

“无容器”状态可是材料科学家梦寐以求的实验条件。在这种状态下，科学家可以进行材料特殊性的研究，说不定很快就研制出新型材料了。

这个实验柜里还布局了很多有趣的设备，它们和材料小精灵一起玩耍。

半导体激光器，就像一个神奇的手电筒，能发出特别的光，为飘舞的“小精灵”照亮。脉冲激光器，像一盏快速闪耀的闪光灯，一闪一闪地记录下“小精灵”的变化。单波长测温仪，像一位细心的医生，时刻关注着“小精灵”的温度，看看它们哪里不舒服。全景相机和高速相机，就像两名敬业的摄影师，把“小精灵”的一举一动都拍摄下来，让科学家更好、更全面地了解它们。

接下来再认识一下第二个大柜子——高微重力实验柜。

这个实验柜就像一个稳定的魔法平台，能提供更高水平的微重力环境，比空间站本体还高 2～3 个数量级。

也就是说，在这个实验柜里，重力变得非常非常小，可以满足特殊科学实验对高微重力水平的要求。

高微重力实验柜通过电磁悬浮和喷气悬浮隔离技术，为实验对象创造了超级安静的“小房间”。

这个“小房间”把空间站舱体，实验柜外各种振动、声音和干扰等，统统挡在外面。所以，在里面的实验可以更加稳定地进行。

就像人们在地球上一个非常安静的图书馆里看书，不会被外面的吵闹声打扰，学习速度和质量都会提升。

高微重力实验柜的本领可大了，它可以用于相对论物理实验和引力物理实验，帮助科学家揭开宇宙的神秘面纱，让人类对宇宙的认识更加深刻。

空间站里还有很多神奇的“实验柜”，一篇文章根本说不完。

如果感兴趣的话就跟我来吧，后面会继续为大家介绍。

第十三问

空间站里可以“点火”吗？

在地球上，火燃烧的时候，受到重力的影响，热空气上浮，冷空气下沉，火焰向上飘动。但是在太空中，情况可就大不一样啦！

现在讲到的是梦天实验舱里的另一个“大柜子”——燃烧科学实验柜。它会让大家见识到不一样的火焰。

2023 年 2 月 16 日，梦天实验舱的燃烧科学实验柜成功执行了首次在轨点火测试。

点火所用的燃料是甲烷，也就是天然气主要组成部分。先后两次点火一共持续了约 30 秒。这 30 秒就像一场精彩的魔术表演。

高速相机记录了这场表演的每一个细节，让人类看到了太空中火焰的独特魅力。

通过这次点火实验，可以清晰地看到太空火焰的样子。

它的内部是一团圆锥状的火焰，外部被扩散出的火焰包围着，就像一个小太阳被一层光环包裹住一样。这种火焰结构是典型的甲烷预混火焰特征。

和地面的相同实验对比，因为不受浮力的影响，外部的扩散火焰会持续更短、更圆。

地球上的火焰像个小调皮，一刻不停地手舞足蹈，想要向上跑；太空中这个圆滚滚的“小火球”，就像一个安静的孩子，乖乖地待在那里，一动不动。

这次“点火”实验看起来简单，其实程序很复杂。

航天员叔叔阿姨需要先把点火头安装在气体实验插件中，然后把气体实验插件安装到燃烧科学实验柜的燃烧室里。

接着，燃烧科学实验柜开始自动完成燃烧环境气体配置、燃料气体喷出、点火头加热点火、参数采集与光学诊断、循环过滤及排废气，等等。

就像我们玩一个非常复杂的拼图，每一块拼图都要放对位置才能拼成一幅完整的画面。

这一系列动作，每一个步骤都需要非常精准，让人们看到了科技的力量。

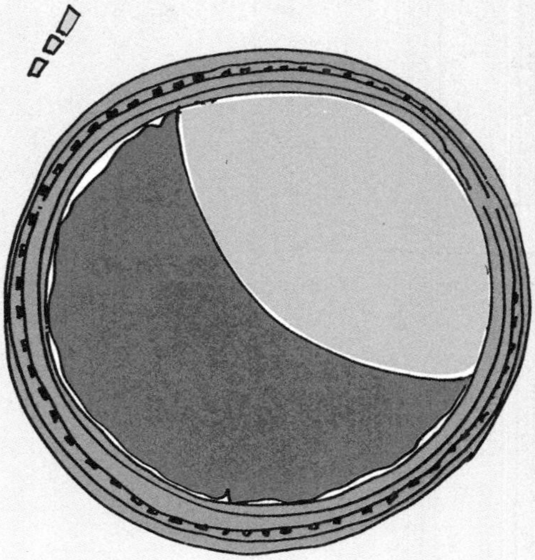

要知道，微重力提供了在地球上没办法模拟的条件：在空间站才能排除浮力对流，抑制颗粒或液滴沉降。

这次“点火”成功，不仅验证了天宫空间站燃烧科学实验系统的功能，整体实验流程的准确性和科学性，还为后续的燃烧实验项目打下了良好的基础。

当然，微重力燃烧科学还规划了很多项实验目标、很多个研究计划，就像一幅庞大的探险地图，还有不少地点等着人们去探索呢。

值得庆祝的是，中国在微重力燃烧领域已经获取了第一批空间站实验数据。

在未来的某一天，科学家可能会利用太空中的燃烧实验成果，发明更加高效、环保的燃料，让地球变得更加美丽。

通过对太空中燃烧现象的研究，还可以更好地理解宇宙中的物理现象，为人类的太空探索事业，作出更大的贡献。

第十四问

“天宫”能住下几位航天员？

1、2、3、4……

大家都看过电视里关于“神舟十九号航天员乘组换班”的新闻，有没有想过一个问题：为什么两组航天员不能一起在空间站里工作？天宫空间站最多能住下几位航天员？

今天我们就来展开讲讲吧。

按照计划，天宫空间站目前每次任务常驻航天员是三位。

为什么只有三位？天宫空间站就像太空里的一座“大房子”，航天员可以在里面生活、工作。但是，在太空生活可不像在地球上这么轻松自在。

太空是一个很特殊的环境，那里缺少地球的重力，在微重力环境下，航天员的身体会面临很多挑战。比如，骨骼会因为缺少重力的压迫，钙质流失，慢慢变得“脆弱”，肌肉也会慢慢萎缩。长时间待在太空，心血管系统会出现一些不太正常的变化。

所以，当三位航天员在太空工作、生活一段时间后，就要回地球好好休息，调养身体。这就是需要新一批航天员来和他们“换班”的一个原因。

神舟十八号飞行乘组和神舟十九号飞行乘组交接班时，空间站中有六个人。六个人可以暂时驻留在空间站中，却没办法长期一起工作。

首先，空间站的“房间”有限，不能存放太多物资，备用物资是有限的。要是六个人长期一起生活，吃的、喝的这些最基本的东西消耗速度非常快。到时候可能“快递小哥”天舟货运飞船的补给速度跟不上消耗的速度。

其次，虽然空间站有不同的睡眠舱，但六个人长期一起生活，没办法保证航天员得到充分休息，不利于航天员保持良好的工作状态。

换班的另一个原因是，每一批航天员上天都带着不同的任务。

比如，在太空种植植物的实验，神舟十八号飞行乘组观察了植物种子最初在太空环境里的发芽情况。神舟十九号飞行乘组需要做的是研究这些植物后续的生长状态，怎么更好地在太空培育它们，等等。

毕竟，不同的航天员有不同的专业技能，换班就能让有新技能、新想法的航天员去太空“出差”，让空间站里的各项任务不断地推进，就好像接力赛跑一样。

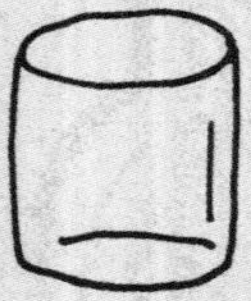

再加上空间站里先进的科学实验设备、仪器，在同一时间段有一定使用安排。

如果六个人挤在一起工作，大家可能会同时需要用一种实验设备，那就不好协调了。就好比在学校的实验课上，同学们都想用同一台显微镜观察洋葱的细胞，最后可能谁都观察不好。

所以，三人组的安排，目前看来是最合理的。

空间站中每次常驻三名航天员，还有一个原因，就是安全问题。

要知道，太空里存在很多风险。万一遇到突发情况，空间站内部空间虽有一定规模，但部分区域较为狭窄，六名航天员穿着舱内航天服进行紧急避险或维修操作，可能会因空间拥挤而行动不便，影响工作效率，甚至导致航天员之间相互干扰。

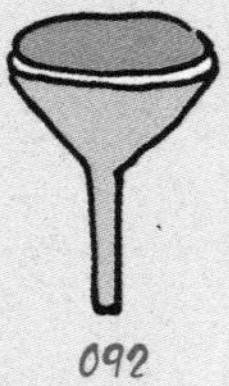

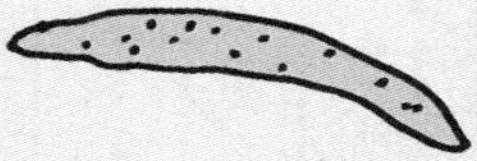

再加上航天服装备的通信与协调难度，人员能力和分工匹配，以及多人避险时的心理压力等，都会增加安全隐患。

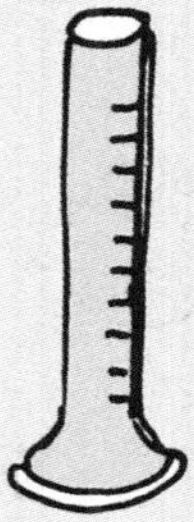

所以，“交接班”结束后，前一批航天员短暂逗留几天就会返回地球，新来的三位航天员会继续投入新的工作。

三位航天员在分工上也各有侧重：一位航天员主要负责操作空间站的各种飞行姿态调整、设备运行状态监测等工作；另一位的重点放在进行太空科学实验上，要在太空里做各种有趣的实验，探索太空里的奥秘；还有一位主要负责大家的生活保障。

当然，遇到维修、出舱等任务，大家会一起合作完成。

每一批“太空三人组”就这样相互帮助，在空间站里生活得有条不紊，把各项任务都完成得很圆满。

当然，科学家一直在努力研究，怎么能让空间站变得更大、功能更完善。

随着中国航天技术不断发展，天宫空间站会进行拓展和升级。等到太空中的“大房子”慢慢扩建，变成了“大别墅”，一定会邀请更多航天员一起入住。到时候能够开展更多、更复杂的科学实验，也可以更快地推进人类对太空的探索啦。

第十五问

在空间站转身也算难题？

大家一定很奇怪，转身这么容易的一件事，我们只需要轻轻一扭，或者转个圈，就可以轻松地转身了，这有什么好讲的？

但是把这个动作放在太空里，情况可就不同了。

在太空这个神奇的地方，航天员想要转身可不像在地球上这么简单。

当空间站进入太空环绕在地球轨道上后，航天员就进入了一个全新的世界。这个世界里的重力几乎可以忽略不计。

在微重力的环境中，很多在地球上习以为常的事情，都会变得不一样。

就拿转身来说吧。如果航天员不借助任何外力，即不抓住一个固定物品，或者扶着一个固定东西的情况下，想要转身根本行不通。

为什么会这样呢？这就涉及一个非常重要的物理概念，叫“角动量”。

当物体发生转动时，整个系统不受外力作用或所受到的合外力矩为零，物体的角动量就会保持不变，这就是“角动量守恒”。

在太空这个特殊的环境下，航天员不接触任何东西的时候，恰好营造了角动量守恒的状态。

这时候，航天员上半身向左转，下半身就会“不由自主”地向右扭。这就像两个小朋友在玩跷跷板，一边高起来，另一边一定会低下去。

在太空里，航天员的身体就像跷跷板，上半身和下半身相互制约，保持着一种奇怪的平衡。

在地球上，脚与地面之间的摩擦力会提供力矩，让人们轻松转身。

摩擦力就像一个隐形的小助手，在默默地帮助人们。但是在太空里，没有了这个“小助手”，航天员就只能靠自己的创造力了。

不过，这难不倒聪明的航天员，他们发现了在太空中转身的好办法。

就是举起一只手臂，在空中做一个画圈动作。这时候，奇怪的平衡就“似乎”被打破了，航天员开始缓慢地朝某一方向转身。

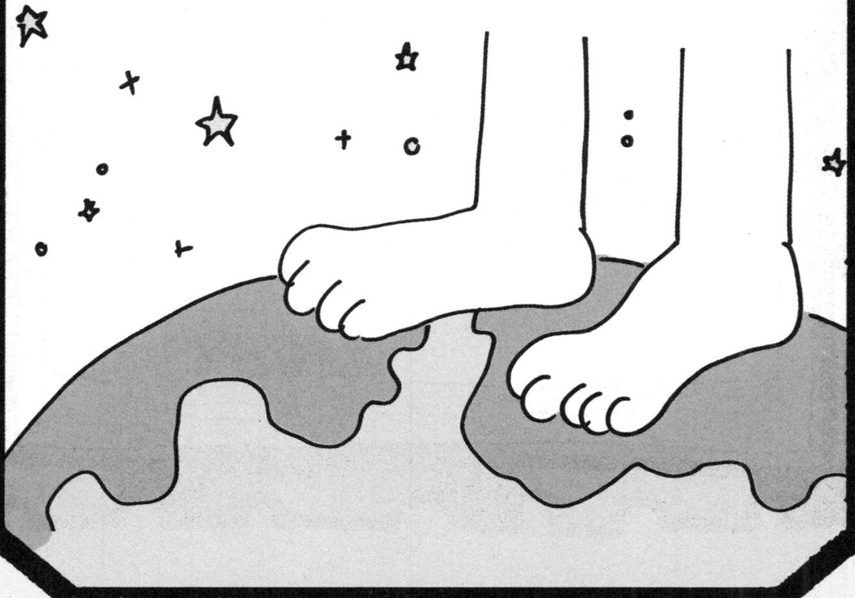

这是因为手臂对身体其他部分产生了力矩。这个力改变了身体躯干的转动状态，使人的身体发生转动。

有了这只手臂的帮助，航天员就可以像在地面上一样简单转身了。

从太空转身这件有趣的小事上，我们不仅看到了科学的力量和魅力，也感受到了人类的智慧和勇气。

这些航天员叔叔阿姨在太空里面临着各种各样的挑战，但他们并没有退缩，而是勇敢地面对困难，不断地探索和尝试。

他们用自己的行动告诉大家，只要有勇气去追求梦想，有智慧去解决问题，就没有什么事情是做不到的。

第十六问

在太空中怎么上网？

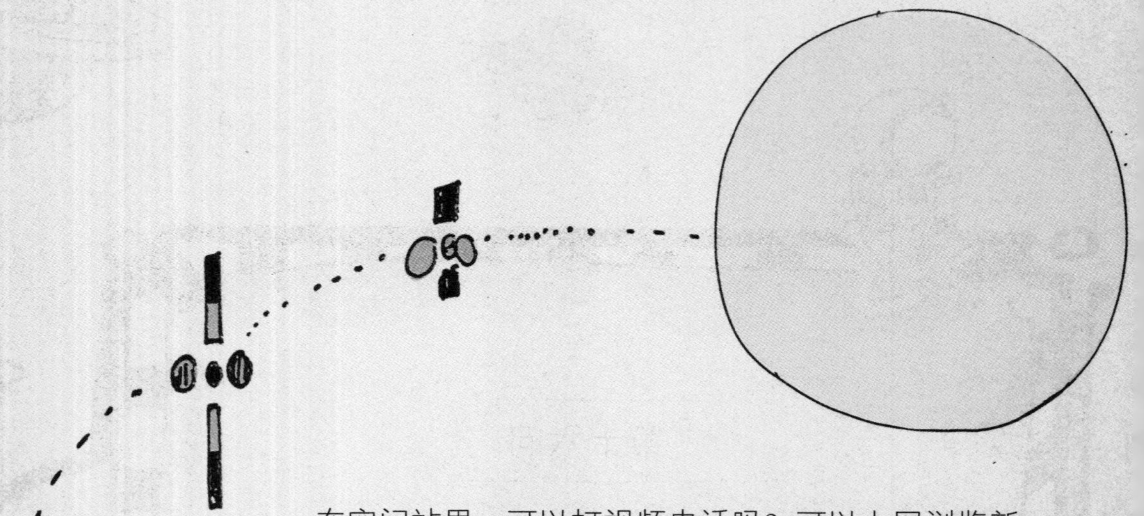

在空间站里，可以打视频电话吗？可以上网浏览新闻吗？可以搜索资料吗？可以上网娱乐吗？

当然可以，因为有一位“太空使者”——天链中继卫星，它能够让遥远的航天器和地球随时保持联系。

天链中继卫星在距离地球36000千米的地球静止轨道上工作，这个地方很特别，卫星在这里和地面相对静止，就像固定在了赤道上空一样。

天链中继卫星的作用可大啦，它可以在航天器和地球之间架起“信息桥”。

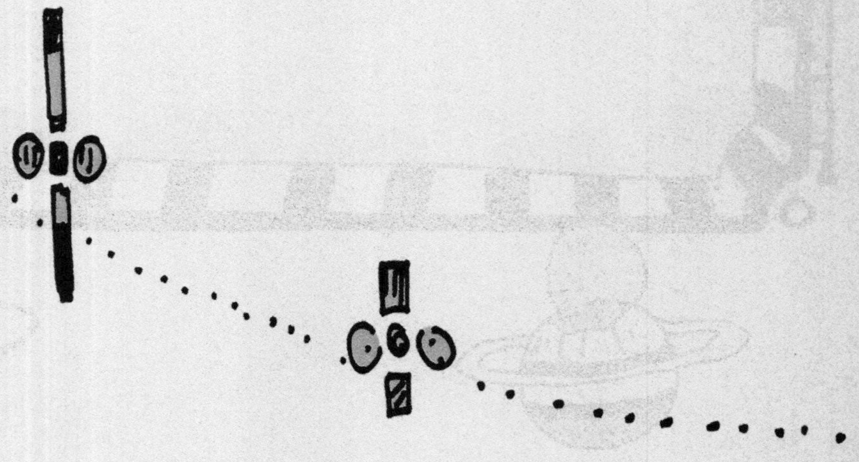

在没有天链中继卫星时，地球上的科研工作者要和太空中的航天器保持联系可难了。

那时候，如果航天员想在空间站里进行不间断的视频直播，需要十多个地面测控站配合。但因为地球曲率的影响，能测控的范围有限，信号也不稳定。

我们的大型测控船“远望”号虽然非常厉害，但数量有限，实在满足不了需求。

直到天链中继卫星出现，情况就大不一样了！只需要3颗卫星就能覆盖全球。而且这些卫星造价低，运行费用也不高，可以说是实用又经济。

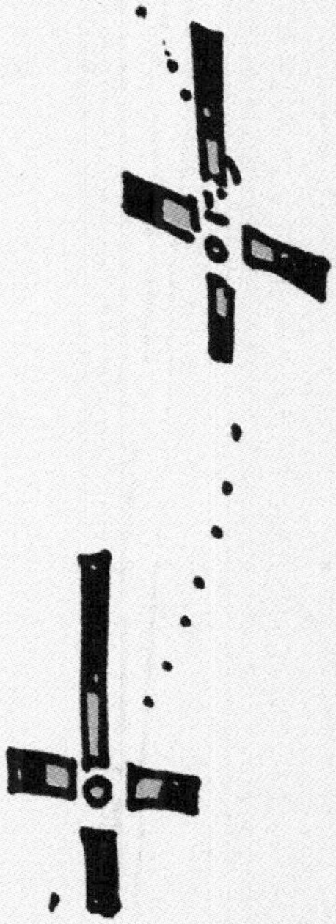

中继卫星，被称为“卫星的卫星”，能在天上更好地跟踪中低轨运行的航天器，还能把数据传回来。

2008 年，中国发射了首颗中继卫星天链一号 01 星。仅仅是这一颗卫星，神舟七号飞船的测控覆盖率就提高了。

之后天链一号不断发展、壮大，逐渐实现了三星在轨组网的阵势。

还记得 2013 年，“太空教师”王亚平给大家进行的首次太空授课吗？

那可是长达 50 分钟的精彩课程。如果没有天链中继卫星，这几乎是不可能实现的。

在天宫空间站绕地球飞行的时候，天链中继卫星一直在默默工作，把信号从太空传回地球，人们才能够看到航天员在太空中的精彩直播。

到2021年，第一代天链一号的研制工作圆满收官。

2021年12月和2022年7月，天链二号02星和天链二号03星又成功发射，而且同样完成了三星组网。

天链卫星第一代实现了“从无到有”，第二代实现了“从有到强”。更厉害的是，它们还形成了两代多星组网的架构。这样一来，覆盖面就更广了。

对了，天链中继卫星还有一个“亲戚”，叫鹊桥卫星。当年，嫦娥四号探测器落到月球的背面时，为了把信号传回地球，派出的就是鹊桥卫星。

当时它飞到了地月拉格朗日 L2 点。地月拉格朗日 L2 点是地月系统中一个特殊位置，在这一点上，航天器受到地球和月球引力的合力，恰好供其绕地月系统质心公转所需的向心力。在那里，鹊桥卫星既能被月球背面的探测器看到，又能被地球看到。鹊桥卫星就像传话筒一样，顺利地传递着信息。

天链中继卫星的数据传输速率和多目标服务能力还在不断提升。这意味着它能更快地传递更多的信息。

天链中继卫星家族的发展和壮大，标志着中国航天技术在不断进步。这种进步，让每个人都感到自豪和骄傲。

第十七问

“太空电器”有什么不同？

欢迎走进神奇的天宫空间站，在遥远的“太空大房子”中，有电脑、微波炉、吸尘器、感应灯这些在地球上常见的同类物品。

表面看起来差不多的物品，其实想在太空这个独特的环境里使用，内部结构就要做到不一样。

就拿常见的微波炉来说吧，天宫空间站里的太空微波炉有特殊的固定装置，不管空间站怎么飞行，怎么调整姿态，它都不会到处乱飘。

太空里的用电环境也有特殊性，所以太空微波炉的电压等和地球上的家用电器不一样。

在失重环境下，食物加热后可能出现一些不同的状态变化，比如热气不会像在地球一样往上冒，食物不在盘子里“乖乖”地待着不动。

考虑到这些因素，太空微波炉的加热程序与地球上的微波炉不同，不但能够让食物均匀受热，而且食物会被固定得很好，不会到处乱飞。

这样，航天员们就能吃上热乎乎的太空餐了。

吸尘器，在地球上是帮人类打扫灰尘的好帮手。到了太空里，它同样肩负着重要的使命。

在空间站里，虽然不像地球上到处都是灰尘，但也有一些小碎屑、毛发之类的微小东西到处乱飘。太空吸尘器这时候就要“出马”了。

太空吸尘器有特殊的吸力装置，能够产生强大的吸力，把飘在空中的灰尘和小杂物都吸进去。它的吸头设计很巧妙，可以灵活地调整角度，不管杂物飘在哪个角落，都能被它准确地“捕获”。另外，太空吸尘器的收集仓密封性格外好，吸进去的杂物被牢牢地关在里面，绝对不会再跑出来捣乱。

感应灯在地球上很多地方都能看到，比如楼道里，人一来灯就亮了，很方便。那太空里的感应灯又有什么不一样呢？

天宫空间站里的太空感应灯感应系统特别灵敏，只要航天员进入它的感应范围，灯就会自动亮起来。等航天员离开一会儿后，它又自动熄灭，既方便又节能。

它的光线亮度和颜色都是经过精心设计的，不会太刺眼，又能让航天员在空间站的各个区域看得清清楚楚。无论是进行太空实验，还是休息睡觉，都能在合适的灯光下进行，感觉很舒服。

电脑，大家就更熟悉了，空间站里的太空电脑，是专门为应对太空环境而设计的。

首先，它的外壳有很强的防辐射能力，保证电脑里的元件不被宇宙射线破坏。

其次，在内部构造上，对硬盘等容易受失重影响的部件都采用了特殊的固定和减震装置，让它们在太空能稳稳当当的，保证数据的正常存储和读取。

最后，太空电脑的操作系统是经过简化和优化的，航天员能够迅速打开各种程序，进行太空飞行数据监测、科学实验数据分析等工作。

除了这些以外，天宫空间站里还有很多专用的“太空电器”，每一样都有自己的特殊本领。

第十八问

太空中竟然能写书法，是真的吗？

在太空中，航天员怎么写字？

大家通常会有这样一种错误理解，认为圆珠笔、钢笔和水笔在太空微重力的情况下根本无法使用，所以最好用的应该是铅笔。

其实，铅笔在太空中是存在安全隐患的。

铅笔芯的材质是石墨。用铅笔在纸张上书写时，摩擦会产生很多微小的颗粒，这些颗粒悬浮在空间站中很危险。

这些微小的颗粒很可能被航天员吸进口鼻中，会对气管、肺部造成损伤；更可怕的是，石墨是导电材料，如果石墨的微小颗粒进入电子仪器内部，很容易造成设备短路，引发大事故。

那怎么办呢？后来，人们就研发了太空笔。

这种笔很神奇，它的笔芯部分采用了全密封式设计，填充的油墨黏性特别强，不仅不容易掉色，还能防止漏墨。

为了解决在微重力环境下的书写问题，太空笔的笔芯内部还被注入了氮气。

当笔尖与纸张摩擦时，产生的热会传递给氮气。根据热胀冷缩原理，气体压力可以代替重力，把油墨推向笔尖，这样就可以写字了。

不过，就算有了这种特殊的太空笔，航天员写字也不轻松。他们要一只手固定住纸，另一只手写字，因为没有重力，一不小心纸就飘走了。

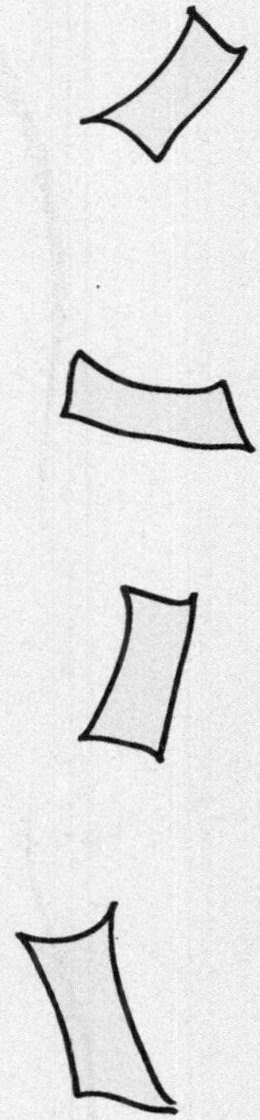

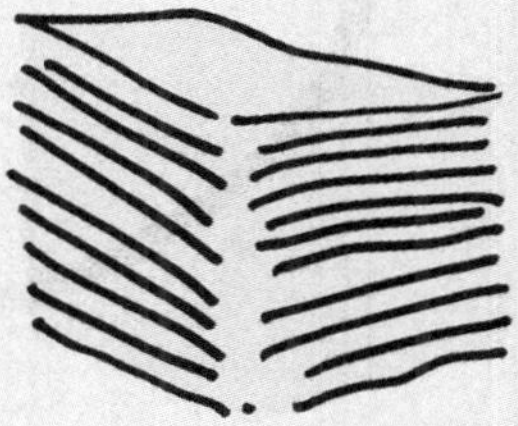

用太空笔写字不容易，那传承了近两千年的毛笔是怎么做到“无视”太空微重力的影响，写出了书法作品呢？

还记得2021年秋季的《开学第一课》吗？航天员刘伯明在天宫空间站用毛笔写下了“理想”二字。当时大家惊讶地发现，原来中国古老的毛笔也能在太空写字啊！

但很多人弄不明白，毛笔头上的墨水为什么没有变成“黑水球”飞起来呢？

这个奥秘，其实就在毛笔的构造上。

毛笔笔头是由极细的毫毛捆扎而成的。如果仔细观察会发现，这些毫毛组成了一个中空结构。这是古人在写字时，为了让毛笔吸附更饱满的墨水设计的。

在太空中，墨水也会被毫毛吸附其中。微重力状态下，液体的表面张力作用，让墨水不但不会飞起来，反而更加紧密地聚集在了毛笔头上。

写毛笔字时，墨水又从毛笔尖渗入纸中，这就实现了在太空撰写书法。

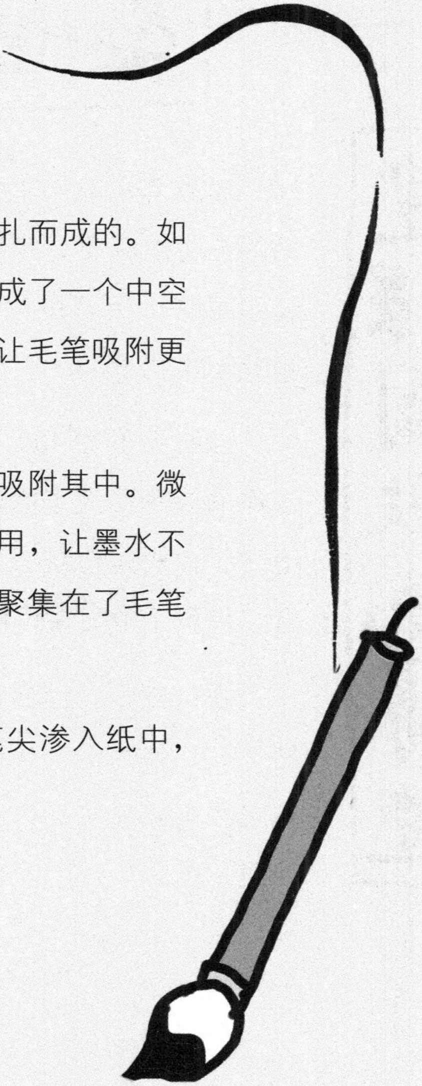

盛世中华

筑天宫奋楫扬帆

建强国激流勇进

2022年的春节假期里，驻扎在天宫空间站的三位航天员，用毛笔写出了春联，“秀”起了书法。大红的对联一贴，仪式感满满，顿时年味儿十足。

当航天员在400千米外的太空中，把书法作品展示给大家看时，它已经不仅仅是毛笔字了，那是传统书法和现代航天技术的结合，代表了中国在科技领域的创新和发展。

那一刻，全世界都能看到中华文化的独特之处。作为一个中国人，大家是不是感到惊叹和自豪？

第十九问

怎么在空间站里种蔬菜？

“太空房子”的储藏空间有限，不可能存放大量的新鲜蔬菜。所以航天员长时间在太空“出差”，想要吃到新鲜蔬菜，可不是一件容易的事情。

但是办法总比困难多，想要吃新鲜蔬菜的第一种方式就是——“发快递”，也就是从地球把蔬菜送上来。

送给航天员吃的蔬菜，一定是经过精心挑选和特殊处理的。科研人员会选择那些比较耐储存、营养丰富的蔬菜品种，比如小白菜、胡萝卜等，就像平时要出门旅行挑选合适的食物装进背包一样，需要考虑它们能不能经得起“旅途”的折腾。

想把蔬菜从地球运上去，包装很重要。

这种包装既要保证蔬菜在失重环境下不乱飘，又要具备很好的密封性，防止太空的辐射进入，还得调节好内部的温度和湿度，让蔬菜处在一个适宜的小环境里不变质。

在天舟货运飞船发射升空的过程中，会经历强大的冲击力和剧烈的震动，所以储存蔬菜的空间要有很好的减震性能。一个个柔软又牢固的“坐垫”，可以让它们平安地到达空间站。

当然，“宇宙快递”队伍将会越来越壮大。未来，轻舟货运飞船和昊龙货运航天飞机也会加入为中国空间站补给新鲜蔬菜的队伍当中。

那么第二种吃到新鲜蔬菜的方式，就源于中国人的传统了，那就是自己种菜。

在太空种植蔬菜，是一件了不起的挑战和充满趣味的事。

因为空间站里没有地球上这样肥沃的土地，科学家想出了用特殊基质来代替土壤的办法。

什么是基质呢？简单地说，就是由一些经过处理的矿物质、有机物质等混合而成的物质。它既能固定住蔬菜的根部，又能为蔬菜生长提供必要的养分。

有了“土壤”，还要有光照。在空间站里为蔬菜用上了人造光源。这些人造光源可不是普通的灯，它们的光谱、强度等都是经过精心设计的，就像模拟出的阳光，让蔬菜可以像在地球上一样进行光合作用，茁壮成长。

说到浇水，在太空里可就太有意思了。

水在失重状态下可不会像在地球上那样，乖乖地流到植物根部，它会变成一个个小水珠到处飘。

所以科研工作者设计了专门的灌溉系统。这个系统可以精准地把水以“雾状”或者“小水滴”的形式，直接喷洒到蔬菜的根部，既保证了蔬菜能喝到足够的水，又不让水到处乱飞。

还有很重要的一点就是空气，空间站里的空气调节系统发挥了重要作用。

它会时刻监测和调节空气里各种气体的含量，让蔬菜处在一个空气清新、适合生长的环境里。

种植蔬菜的整个过程离不开航天员精心地照料，要定期查看蔬菜的生长情况，看看有没有病虫害（虽然太空里病虫害相对少一些，但也得时刻留意），还要给蔬菜调整光照角度，补充养分，等等，就像照顾一群可爱的小宝贝一样细心和耐心。

看着那些小小的种子在特殊的基质里慢慢发芽、长大，这个过程就像变魔术一样。

有时候，蔬菜的叶子可能会因为失重而朝着奇怪的方向生长，看起来特别神奇。航天员会定期给它们调整一下位置，就像在给蔬菜“整理发型”。

在空间站中，航天员种得最多的就是生菜。因为生菜的生长周期相对较短，适合在空间站有限的空间和条件下种植。另外，小白菜和西红柿也都在研究种植的行列中。

采摘蔬菜的时候也很有趣，航天员会轻轻地把成熟的蔬菜摘下来，不能太用力，不然可能连蔬菜带基质一起飘起来。

试想一下，在太空里吃着自己种出的新鲜蔬菜，一边吃一边透过空间站的窗户看看外面浩瀚的宇宙。那感觉，一定“新鲜”极了。

第二十问

在太空中如何养鱼？

今天来讲一项有趣的太空实验——如何在太空养鱼。可能鱼儿自己都想象不到，有一天，它们会在遥远的太空自由自在地生活。

先来认识一下这次的主角——斑马鱼，它们是跟随神舟十八号飞船进入太空的。

世界上有这么多种类的鱼，为什么会选择斑马鱼呢？

原因一：斑马鱼的体形娇小，不会占用太多空间。而且，它们对水质要求不高，耐温性和耐低氧能力都很强。只要在10℃以上的水中，就能茁壮成长。

对于忙碌的航天员来说，这样“皮实好养”的鱼再合适不过啦。

原因二：斑马鱼和人类的基因组非常相像，同源性高达87%。它们的生理特性和哺乳类动物各功能机理高度相似，是理想的脊椎动物研究样本。

原因三：斑马鱼的胚胎发育特别迅速，受精后24小时主要的组织器官就形成了。所以，研究斑马鱼的实验周期短，大部分实验一周内就能完成。

还有一个有趣之处，斑马鱼在发育的前7天，身体是完全透明的，可以直接观察到它的内部器官。是不是很奇妙？

在太空里，科学家为它们搭建了一个舒适的“家”，也就是一个特殊的“太空鱼缸”。在这个鱼缸里，不仅有可爱的斑马鱼，还布置了很多金鱼藻。

照明系统会支撑金鱼藻进行光合作用，产生氧气，供鱼儿们呼吸；斑马鱼呼出的二氧化碳又能让金鱼藻进行光合作用，鱼的粪便还能给金鱼藻提供营养。

瞧，小鱼和藻类就这样形成了一个完美的微型水生生态系统。

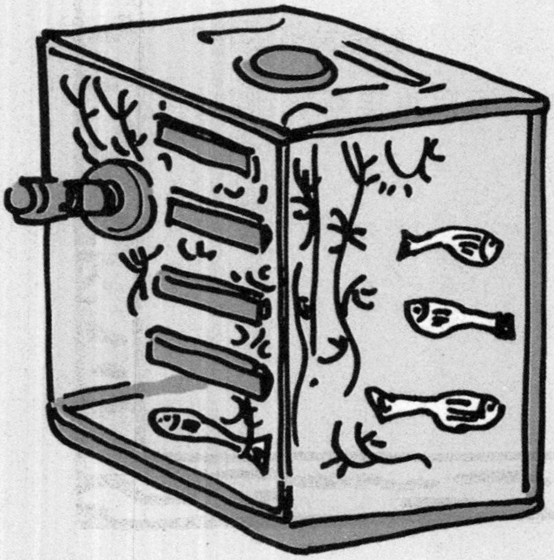

想要在太空里养鱼，航天员还面临着很多挑战。

他们要做好喂食、供氧、为藻类提供营养液、照明等基础工作；要时刻关注水体的 pH 值（水溶液的酸碱性强弱程度）、盐离子浓度、溶氧、温度、电导率等指标，随时进行参数调节；要处理废物，确保系统内部物质和能量的平衡稳定。

而且，还要及时收集鱼卵，以免被大斑马鱼当作“美食”吃掉。

除了这些，水生生态系统作为一个密闭的有氧环境，同时也给有害微生物提供了生存的机会。如果不注意，这些微生物可能会侵蚀电缆、材料和电子器件。

要让“太空鱼缸”保持生态平衡，阳光是一个非常重要的因素。所以，LED 光源（发光二极管光源）是不可缺少的。

为了让这些“太空小鱼”住得舒服、吃得开心，研究人员把“太空鱼缸”的密封工作做得特别好。水要灌得满满的，鱼食也是特制的，像牙膏一样，用注射器推进去。

在养鱼的过程中，航天员发现，斑马鱼在微重力环境下会有腹背颠倒游泳、旋转运动，还有原地转圈等异常现象出现。

不管是养鱼、养蚕，还是养果蝇，这一次次实验积累的数据，都是为了帮助人类更好地理解太空环境对生物的影响。

也许有一天，人们能够更加熟练地在太空中养殖各种动物、种植各种植物，那人们就能在太空中建立美丽的家园了！

第二十一问

航天员走出空间站需要什么装备？

航天员去太空“出差”可不是每天只待在空间站里工作。有时候，他们要出舱执行舱外任务。

但是想在浩瀚而神秘的太空中漫步，可不是一件容易的事。

那里没有熟悉的空气，无法呼吸；没有合适的压力，人体会像气球一样膨胀，甚至爆炸；极低的温度会把人瞬间冻僵；强烈的辐射，可能会对身体造成严重的伤害。还有无处不在的太空垃圾，真是危险重重。

这时候，舱外航天服就相当于一艘“小型宇宙飞船”，它像超级保护罩一样，守护航天员的安全。

今天，就来看看中国的“飞天”舱外航天服，是如何陪伴航天员探索宇宙奥秘的吧。

中国自主研发的第一代“飞天”舱外航天服，是2008年推出的，它有120千克重，包括背包、照明灯、电控台、气液控制台、电脐带等部分。

舱外航天服从内到外分六层：舒适层、备份气密层、主气密层、限制层、隔热层、外防护层，具备了防辐射、温度调节、压力调节等功能。

它就像一道道坚固的城墙，为航天员抵御太空中的各种危险。

小伙伴们比较好奇的“背包”，其实是生命保障系统背包。它像一个小小的移动“太空加油站”，为航天员提供氧气、水和电力等重要资源。

再说一个小秘密，“飞天”舱外航天服的“出入口”在它后背的位置。想穿上这套“太空铠甲”，一定要认准“大门”。

在第一代的基础上，第二代“飞天”舱外航天服，又有了更多的改进！

虽然它有130千克重，但在太空的微重力环境中，这点分量就等同于没重量。

首先，新一代航天服可以支持更长时间的舱外活动，从第一代的4小时增加到8小时。这样，航天员就可以在舱外完成更复杂的工作了！

其次，它的头盔上配了一架迷你摄像机。这架摄像机能够把航天员在舱外操作的全过程清晰地记录下来，就像在拍一部精彩的太空纪录片。

再次，第二代“飞天”舱外航天服重复使用的次数更多。这件耐用的“太空铠甲”可以经受更多次的太空冒险。

最后，它的关节处更加灵活。就拿航天员戴着手套来说，第一代可以抓握直径为 25 毫米的物体，第二代就可以抓握直径大约为 5 毫米的物体了。

在太空中，有时候需要进行非常精密的操作，比如安装小零件或者进行科学实验。更灵活的关节有助于航天员更精细地完成任务。

在整体效能、可靠性、舒适性方面，第二代“飞天”舱外航天服也有了提高。

毕竟，航天员在执行太空任务时，要穿很长时间的舱外航天服。一件舒适的“服装”，可以让他们工作起来更得心应手。

值得一提的是，除了功能强大，新一代舱外航天服还非常漂亮。它在设计上充分融合了中国文化元素和现代科技感，展现了独特魅力。

瞧，“飞天”舱外航天服就像航天员的超级装备，让他们能够在太空中勇敢地探索未知！

第二十二问

太空漫步是怎样一种感受？

有人以为，太空漫步就像人们在地球上饭后百步走一样，悠悠闲闲地在太空中散步。

其实真正的太空漫步和想象的一点都不一样，它是非常重要又充满挑战的。

航天员出舱活动被称为太空漫步或太空行走。它有六大重要用途呢！

即开展太空维修与维护、进行太空科学实验、组装和搭建空间站、太空观测与天文研究、技术验证与创新、拓展太空探索能力。

接下来就让我们重点说几项吧。

在太空组装和扩建空间站的时候，航天员需要出舱。他们就像在太空中搭建一座超级大的积木房子一样，小心翼翼地把各种部件拼接在一起，让空间站变得越来越强大。

空间站出现问题，需要到外部修理的时候，航天员需要出舱；回收、维护与释放卫星，航天员要像太空快递员一样，把卫星送出去，或者把出问题的卫星带回来修理。

还有一些科研任务，需要到舱外进行，例如在舱外安装、调试和回收科学实验设备等。航天员身处广袤的宇宙，为人类解开更多关于太空的谜题！

未来的载人登月、载人登火星等伟大的任务，都是太空行走的意义所在。

美国的宇航员曾经通过太空行走，把刚发射上天就出现重大故障的“天空实验室”空间站修理好，让它“起死回生”。俄罗斯“和平号”空间站也经过航天员多次出舱修理。

现在在轨运行的“国际空间站”，是由多名宇航员通过多次太空行走才完成在轨组装的。

通过上面举的例子，大家一定清楚了吧，按照出舱活动的目的和任务，太空行走可以分为四种。

有验证类出舱活动，就像航天员第一次尝试新事物，试着出去一下，看看行不行。

此外，还有组装类出舱活动、维修类出舱活动、有效载荷类出舱活动。

大家想一想，如果未来航天员需要站在月球表面安装实验装置、采集月岩标本，属于哪一类型的太空行走？

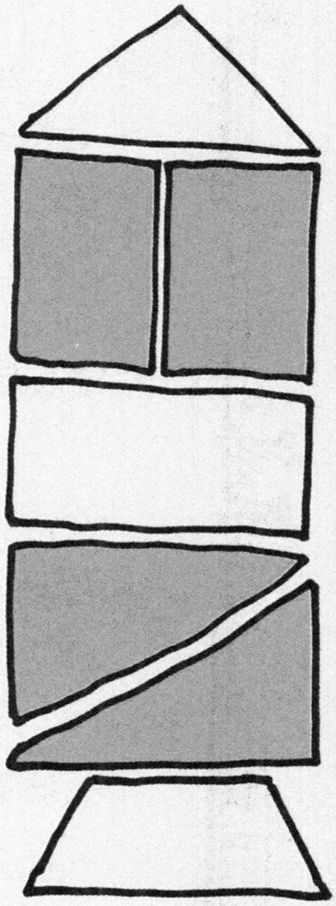

中国的航天员有过精彩的太空行走。

2008 年，航天员翟志刚进行了我国第一次太空行走，主要是为了验证。

2021 年，神舟十三号航天员也进行了太空行走，这次的出舱任务就比较难了。他们要完成复杂的舱外安装任务，还需要“人机”配合。

出舱可不像在地球上出门一样，一推开空间站的大门，就可以进入太空了。出舱前，还有很多准备工作。

首先，航天员需要穿好航天服，然后通过载人航天器上的一个重要舱室——气闸舱。不然，一打开门，空间站里的气体会迅速被外面吸走，那可就糟糕了。

天宫空间站天和核心舱的节点舱，就兼有气闸舱的功能，方便航天员出舱使用。

出舱之前，航天员需要穿好舱外航天服。在舱外航天服外侧，有两条红色的安全绳。航天员出舱后，用它把自己固定在空间站外部，不至于飞入太空。那么另一根白色的带子是什么呢？这根带子被称为“脐带”，脐带与核心舱连接，有在舱内保障航天员通话，监测航天员、航天服以及人服结合体所在环境状况的功能。航天员出舱后，要将“脐带”与航天服分离，使用航天服本身的各项设施自主开展工作，舱外航天服脱离“脐带”后可供航天员在太空环境下超过 6 小时的工作。

但是，真正进入太空后，可能也没有想象的那么优雅。因为太空中没有路，航天员在失重状态下没法用腿行走。所以，所谓的太空漫步，其实主要靠“手”。

在空间站的里外都安装了一些扶手，航天员可以握住扶手，移动身体，站到空间站外的大机械臂上。

机械臂把航天员载到舱外作业点附近，安装任务才正式开始。

值得一提的是，在太空中移动要非常慢，还要小心谨慎、不慌不忙。控制好自己的身体，不能接触到任何飞行中的物体，也不能心急地快速移动。

否则，在没有阻力的太空中，任何一个多余的动作都可能失控，产生不必要的旋转。

舱外的环境十分恶劣，有太空垃圾和微流星。所以，不管什么类型的太空漫步，其实都充满了未知的危险。

现在大家知道了吧，太空漫步可没有字面意义上看起来那么悠闲，它既令人期待，又具备挑战。

第二十三问

“玻璃”窗户是空间站的弱点吗？

在地球上居住的房子、上学的教室都有窗户，空间站自然也有窗户。否则，航天员每天生活在一个密封的金属罐子里，那该多压抑啊！

太空环境是极为恶劣的。天宫空间站的外壳可以使用坚固的金属材质，那脆弱的玻璃怎么办？

如果玻璃的密封性、坚固性不好，同样会威胁到居住在里面的航天员的安全。

那么，玻璃制作的窗户到底是不是空间站的弱点呢？今天就来一探究竟吧。

首先，为了应对太空中宇宙射线、太阳辐射等长时间的“进攻”，空间站窗户所使用的玻璃，是科研人员经过严格测试和筛选的。它是一种特殊的防辐射材料，能够很好地阻挡和抵御辐射。

其次，空间站的玻璃材料还有热稳定性。

不论是空间站转到向阳面，温度高达上百摄氏度，还是走到背阳面，温度低到零下一两百摄氏度，它都能轻松应对，始终保持良好的状态。

也就是说，在各种极端温差下，空间站的玻璃不会因为热胀冷缩而出现裂缝或者破碎。

太空中时不时会有一些微小的流星体或者太空垃圾飞过，别看它们很小，但如果高速撞击到空间站的窗户上，冲击力可不小。

还好空间站的玻璃就像一个个坚强的卫士，不仅有很强的抗撞击能力，还会尽可能地分散冲击力，避免窗户被击穿。

从制造工艺来讲，每一扇窗户在生产过程中的各个环节，都把控得十分严格，不允许有任何瑕疵。保证这些从地球上出发，运往太空的窗户都是质量顶尖的。

只有这样严谨的把关，才能让它们在太空这个充满挑战的环境里工作。

中国空间站的窗户除了质量过硬，还有好多有意思的特点。

第一，透明度特别高。它采用了特殊的光学材料，能够让光线最大限度地透过来。在每个航天员卧室里面都有一个舷窗，休息的时候，航天员可以清晰地看到外面浩瀚宇宙的美景。

第二，有很好的隔热性能。不论太空中是什么温度，窗户玻璃都能像一道神奇的“温度屏障”，有效地隔绝外界极端温度的影响，让空间站里面保持适宜的温度。

另外，空间站的窗户尺寸是经过精心设计的。

有的窗户比较大，能提供更广阔的视野，让航天员可以多角度观察太空，发现平时在地球上很难看到的壮观景象；还有一些相对小一点的窗户分布在不同的位置，就好像给空间站开了好多个“瞭望口”，方便航天员在不同舱段随时查看外面的情况。

所有这些窗户都具备防雾的特点。就算太空中有频繁的冷热交替，窗户也能始终保持清晰、透亮。

从空间站的外壳，到空间站的窗户，每一处细节都体现了中国航天人的创新精神。正是这一点一滴的努力，让中国的航天事业朝着世界领先的目标大步前进。

第二十四问

空间站的机械臂有多强大？

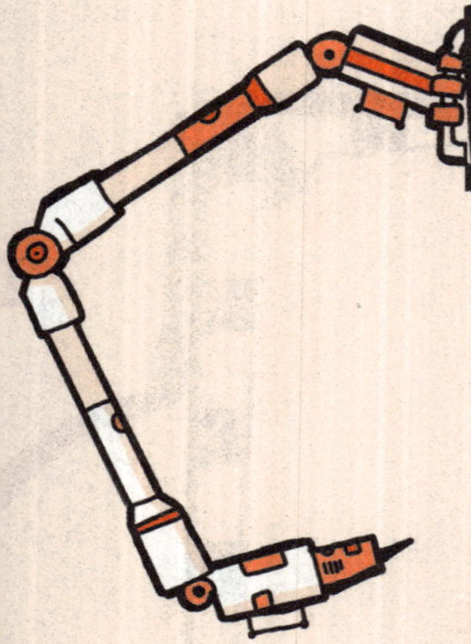

要说天宫空间站外表最酷的，那就是机械臂了。

机械臂就像厉害的太空机器人，集机械、电子、热控以及视觉和动力等多个领域的高科技于一身，算得上是无所不能的“太空帮手”了。

首先，机械臂是一个大力士，它能轻松拖动很重的东西。

就拿空间站核心舱外面的大机械臂来说吧，可以搬运、拖带和转移重型舱段，最多可以拖动 25 吨重的东西。

25 吨有多重呢？整个天和核心舱只有 23 吨左右。如果换算成比较熟悉的黄牛，大概是 40 多头成年大黄牛的重量。

这么厉害的机械臂，真是当之无愧的太空“大臂”。

机械臂可以实现空间站舱段的转位和辅助对接、航天器的捕获和辅助对接，还能辅助航天员出舱活动，就像在太空里给航天员搭了一座安全又可靠的“桥梁”。

它还有一个特别有趣的本领，那就是重定位能力。简单地说就是，头和尾互换地进行“爬行”。

空间站核心舱和实验舱上都装有电力数据适配器，在它们的配合帮助下，机械臂可以在三个舱段之间灵活移动，到处“溜达”。哪里需要它，它就去哪里帮忙。

说了这么多，就仔细看一下核心舱的大机械臂吧。

这个核心舱机械臂的肩部设置了 3 个关节、肘部设置了 1 个关节、腕部设置了 3 个关节。每个关节对应一个自由度，所以它具有七自由度的活动能力。

简单地说，它就像人类的手臂一样，可以自由地弯曲、伸展、旋转。

为了让机械臂更加智能和精准，它还配置了力和力矩传感器，相当于机械臂的“触觉神经”。这个“触觉神经”能够实时把力

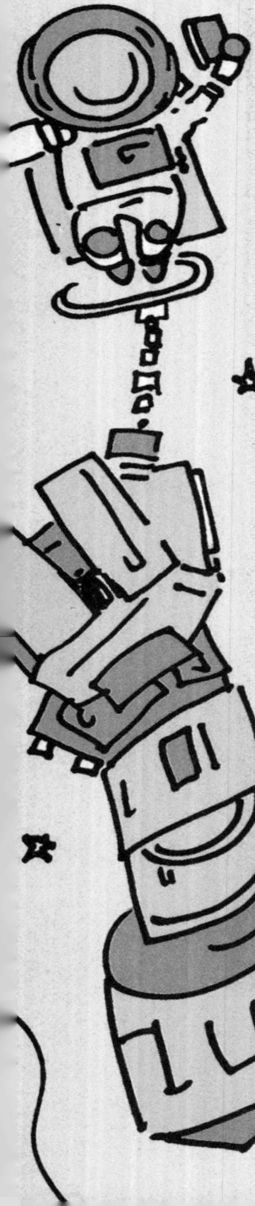

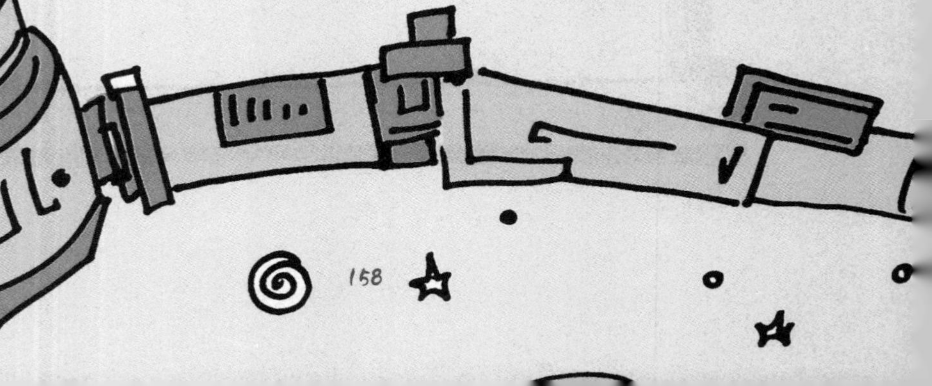

学参量反馈给机械臂的“大脑”，让机械臂知道自己碰到了什么东西，用了多大力气。

除此之外，机械臂还配备了3台视觉相机，肩部、肘部、腕部各1台。它们就像机械臂的“眼睛”。

有了“眼睛”，机械臂就能看清楚周围的环境，知道自己要去哪里，要做什么。

长“眼睛”的手臂，那必定是“强”上加“强”啊！

除了核心舱机械臂，实验舱上还有一个小型机械臂。

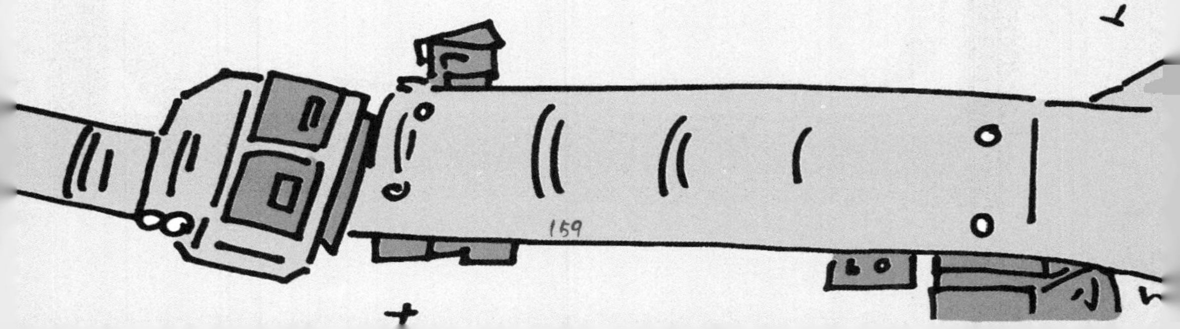

这个小机械臂的“力气”虽然比不上核心舱机械臂，但它有自己的长处。它的姿态和位置精度更高，可以执行灵巧、细致的任务。比如，照料实验舱的舱外实验设施。

这一大一小两个机械臂还可以组合起来，成为约 15 米长的组合臂。

试想一下，在遥远的太空中，有一座巨大的“太空房子”，房子外面一大一小两个机械臂，不仅可以像人的两只手一样，互相交接东西，配合默契，还可以把两只手臂“咔咔咔”地组合在一起。

这个更长的机械臂能够覆盖整个空间站表面，进行作业和爬行。想一想都会觉得，天宫空间站的机械臂超级厉害。

第二十五问

空间站是用“翅膀”飞行的吗？

因为天宫空间站有两对巨大的橙色“翅膀”，所以它才飞得那么高、那么稳吗？

不不不，空间站能够在太空中飞行，可不是像老鹰一样扇动翅膀。但是，空间站也确实离不开“翅膀”。

既然大家这么好奇，今天就来了解一下这些大“翅膀”吧。

空间站的“翅膀”其实叫作“柔性太阳电池翼”，是空间站的“电量源泉”。

天宫空间站搭载的天文、地理、生物、医学等各类科学仪器，同时航天员的日常生活也离不开能源。综合下来，三名航天员一天工作、生活的用电量，预计为320度左右。

带很多电池上太空的想法不现实，所以选择就地取材，科学家们“盯”上了太阳。毕竟，在广阔的宇宙中，太阳能是取之不尽的最受欢迎的能源。

柔性太阳电池翼，就像超级强大的“阳光猎人”。它们可以把“捕获”到的太阳的能量源源不断地转化为空间站所需的电能。

天和核心舱的柔性太阳电池翼，展开面积是 67 平方米，相当于一个羽毛球场那么大。

问天实验舱的“翅膀”更厉害，它的单翼展开面积就超过了 138 平方米！

四个这样的柔性太阳电池翼，能够提供空间站“天和 + 问天 + 梦天”三舱组合体 80% 的能量。

能想象到嘛，这么庞大的柔性翼收拢后只有 18 厘米厚！这就是令人惊叹的航天科技。

它之所以这么轻巧柔软，是因为基板采用了超薄型轻质复合材料。而且，基板上安装的是薄膜电池。这种柔性砷化镓电池的光电转换效率更高，体积更小，重量更轻。

但是，让柔性太阳翼在太空中“平稳翱翔”不是一件容易的事情。

毕竟四个太阳翼总面积超过 268 平方米，厚度只有 0.7 毫米，控制这么大的太阳翼，就像在太空中舞动两把巨大的扇子一样。

相比于刚性太阳翼，或者半刚性太阳翼，柔性太阳翼因为太柔软，所以容易振动。如果振动控制不好，就会对航天任务造成严重影响。

为了让它在太空中“温柔”地振动，科研人员想了很多办法。

他们首先通过理论分析、实验识别等方法，找到引起太阳翼振动的源头。然后利用精细的数学仿真和大量的物理仿真，总结出控制太阳翼振动的算法。

最后，根据太阳翼的振动情况及时调整空间站的姿态，让太阳翼稳定下来。

除了配置的驱动装置进行控制，太阳翼上还有一个特殊的装置，那就是“恒力弹簧绳索系统”。

它看起来就像一根简单的钢丝绳，实际上，通过它的不断伸缩，能够保证太阳翼在太空复杂的环境中，保持足够的刚度和姿态控制。

在浩瀚的宇宙中，柔性太阳翼就像美丽的大“翅膀”，不仅为空间站提供强大的动力，也为航天之路奠定了信心。

第二十六问

“天宫”也需要“加油”吗？

作为超级大的“太空房子”，空间站的正常运转除了需要“大翅膀”提供电力，还需要很多物资和能源。

这时候，一个厉害的太空“快递员”——天舟系列货运飞船就出场了。

天舟货运飞船长得可特别啦，它由密封货物舱和推进舱构成，整船总长 10.6 米，舱体最大直径 3.35 米，太阳电池翼展开后的最大宽度近 15 米。

想象一下，这么一个大家伙在太空中飞行，是不是很壮观？

大家都说天舟货运飞船的“太空加油秀”很厉害，还说天舟货运飞船就像一个超级大的太空“油罐车”。

那么，空间站真的需要天舟飞船帮忙“加油”吗？加的是煤油、柴油，还是汽油？

其实，所谓的“加油”只是一个比喻。就像汽车需要加油才能跑起来一样，太空中的空间站也需要加推进剂，这样才能持续不断地在轨道上运行。

现在明白了吧，所谓的“加油”，加的就是推进剂。

当然，天舟货运飞船不是慢慢地靠近天宫空间站，然后伸出一根长长的“加油管”把推进剂输送到空间站的储存箱里。

“太空加油”的技术，可是非常高端和先进的！

到目前为止，掌握“在轨推进剂加注”技术的国家只有俄罗斯、美国和中国。我们中国的天舟货运飞船采用的是“增压气体回用＋推进剂恒压挤压”的技术方案。

这个方案听起来有点复杂，展开说说吧！

首先，货运飞船要完成与空间站的“推进剂管路”对接和密封。

然后，由空间站的压气机将贮箱气腔内的增压气体回抽到气瓶，降低贮箱背压，这样就具备了接收推进剂的条件。

接着，货运飞船用恒压方式把推进剂输送到空间站的膜盒贮箱里，并把连接管里的推进剂清理干净，脱开连接管路，完成整个推进剂补加的过程。

在太空中几乎没有重力，一切都变得轻飘飘的。

天舟货运飞船能够非常准确地把推进剂输送到空间站的贮箱里，一滴都不会洒出来，到底是怎么做到的呢？

原来，飞船上有很先进的推进剂利用系统、完善的通信系统，能够实时监测“加油”的进度，确保每一滴推进剂都能准确无误地到达目的地。

这个过程就像一个巧妙的魔术，让推进剂在太空中可以安全、高效地从一个地方流动到另一个地方。

除了给空间站“加油”，天舟货运飞船还有很多其他的任务。

它可以运送生活物资，让航天员在太空中吃得饱、穿得暖；它可以运送医疗设备和药品，万一航天员生病了可以及时得到治疗；它还能运送维护和维修空间站的物品，让空间站始终保持良好的状态。

可以说，天舟货运飞船这个太空“快递员”的服务相当周到。它千里迢迢来给空间站“加油”，送物资后，还会顺手把空间站的废弃物带回大气层烧毁。

正是有了这些飞船的帮助，天宫空间站才能一直保持正常的运行。这就像航天精神一样，团结协作，共同进步，才能走得更快更稳。

第二十七问

“太空母港”有什么作用？

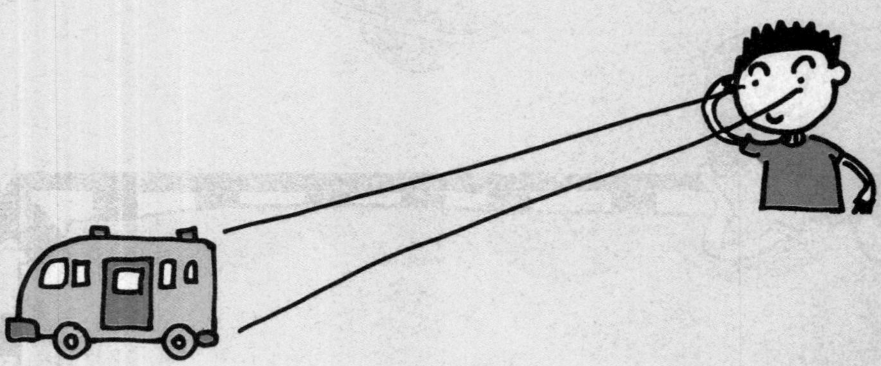

告诉大家一个小秘密，很快中国的空间站就会有一双神奇的“千里眼”，它可以观察到宇宙的每一个角落，这双“眼睛”的名字叫“巡天空间望远镜”。

这架望远镜可聪明了，以天宫空间站作为“太空母港”，平时停靠在空间站上，观测时才离开空间站独立飞行。

“太空母港”的作用非常大，巡天空间望远镜虽然平时和空间站使用相同的轨道独立飞行，但在需要补给、维修或者升级时，还会回到空间站。

这就好比巡天空间望远镜是一个勇敢的“机械航天员”，在太空中执行任务，当它需要帮助的时候，就回到“母亲”的怀抱。

和空间站相得益彰的关系，可以保证巡天空间望远镜在10年寿命期内正常运行，甚至能够延长在轨寿命，实现超期“服役”呢！

一起来了解一下这架聪明的太空望远镜吧。

巡天空间望远镜可大了，它总长约 14 米，最大直径约 4.5 米，发射质量约 16 吨。这架立起来足有三层楼高的巨大望远镜，任务就是在太空中探索和观测。

巡天空间望远镜主要分成两个部分：一个是“平台段”，就是望远镜的“动力舱”，为它在太空中飞行提供能量；另一个是“光学设施段”，是它的核心部分，有 5 台超级厉害的观测设备。

这些敏锐的“眼睛”，可以把整个宇宙拍下来，能够清晰、精细地观察到成千上万的星系，带来全景式宇宙高清图等。

除了“巡天观测”，巡天空间望远镜的精细观测能力也很强。

它配备了很多精测模块，可以对银河系外更多的行星进行探测，进行邻近星系中性碳的研究、宇宙超级深场观测等众多特色科学观测。

这些观测就像用放大镜看东西一样，可以让人们看到宇宙中更微小、更神秘的地方。

听说过著名的哈勃太空望远镜吗？巡天空间望远镜和它的区别，除了以天宫空间站作为“太空母港”，使用寿命更长外，还有别的优点吗？

当然！

巡天空间望远镜的视野大约是哈勃望远镜的300倍，可以更快速地完成大范围宇宙观测。

就好比山上有一群羊，哈勃望远镜一眼只能看到一只羊，而巡天空间望远镜可以把成千上万只羊都拍下来。而且，每一只羊的清晰度都和哈勃望远镜看到的一样。

巡天空间望远镜的这个特点是“与生俱来”的，因为在项目设计之初，科学家就瞄准了“大视野、高像质、宽波段”这些方向，目标就是建造一台可以观察更广阔天区的太空望远镜。

巡天空间望远镜的诞生不是一件容易的事情。

2020年，经中国载人航天工程办公室批准，成立了中国空间站工程巡天望远镜工作联合中心和四个科学中心。经过多年研究和改进，不断调整和完善，才有了预计2027年发射的巡天空间望远镜。

虽然截至今天，巡天空间望远镜还未正式升空，但它已经吸引了全球众多科学家的目光。

未来的宇宙探索充满了无限可能，以空间站为“太空母港”的巡天空间望远镜，就是中国探索宇宙的新工具。

到时候它收集到的数据还会让全世界的科学家一起研究，帮助人类了解宇宙是怎么形成的，有没有其他适合人类居住的星球。当它成功发射并开始工作后，一定会给人类带来很多惊喜和新的发现。

第二十八问

空间站如何应对太空碎片？

说到飘在太空中的“太空垃圾”，会不会这样想：谁这么不讲公德，把垃圾都丢到太空中去了？

其实，换个说法就没有那么让人愤怒了。平时说的太空垃圾，也可以称之为“空间碎片”。它不是人们故意乱丢的。

在太空中，除了各种神奇的天体之外，还有很多人类制造的东西，比如失效的卫星、火箭的残骸，等等。

这些东西就像一群调皮的小怪兽，在太空中飞来飞去、横冲直撞，它们就是空间碎片。

来分析一下，这些空间碎片是哪儿来的吧。

原来，人类在太空活动越来越频繁，发射的卫星也越来越多。有些卫星坏掉了，就变成了空间碎片；有的时候，卫星不小心撞到一起，就像两辆小汽车相撞一样，产生很多新的碎片。

有些航天员在太空中工作的时候，一不小心手中的工具可能就飞进太空里，这些也会成为空间碎片。

截至 2024 年，据不完全统计，有大约 90 万片大小介于指甲盖到网球大小的太空碎片，在近地轨道以接近 3 万千米的时速运行。

它们对卫星、火箭、空间站都构成了威胁。

空间站就像太空中的大房子，它比一般的卫星大得多，房子大，表面积就大。表面积大，被空间碎片撞击的概率就大。如果空间站的密封舱意外被碎片击中破裂或者被打穿，那整个空间站都会出问题。空间站不安全，居住在里面的航天员就面临着危险。

所以，科学家想了好多办法保护空间站。

那些能够看到的比较大的空间碎片可以提前发现，然后让空间站变轨，躲开它们。

简单说，就是在空间站周围布置了两个大大的“盒子”，一个是预警区域，一个是规避区域。

如果碎片进入了预警区域，空间站只需要提前做好变轨准备。也许碎片飞着飞着就飘远了呢，那就不用躲避了；但是空间碎片一旦进入规避区域，科学家会发出警报，空间站就得赶快变轨，“惹不起，躲得起”，躲开碎片。

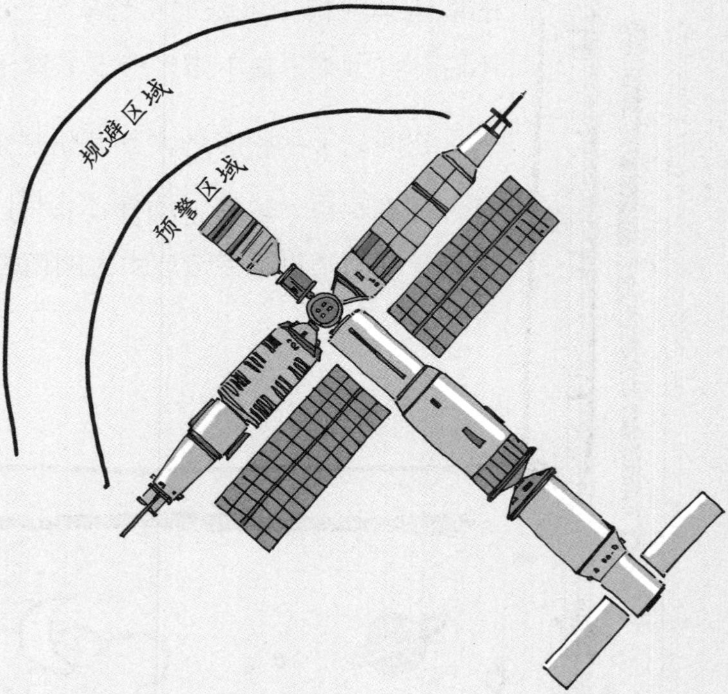

但是有些空间碎片太小了，根本看不到，也很难预测它们的位置。于是，科学家给空间站穿上了一层厚厚的“盔甲”。

这种防护结构有很多种，简单介绍一种比较有意思的。

它由很多层高科技材料组成，可以把小碎片的能量消耗掉。可以把它想象成一个海绵垫子，小石子打过来不痛不痒，根本不算什么。

空间站上的很多地方都有防护结构，比如密封舱、太阳翼、货运飞船等。这样，即使小碎片撞到了空间站也不会造成太大的伤害。

如果空间站真的被碎片击中了，也有应对办法。因为空间站上有很多传感器，它们可以告诉航天员，空间站哪里被撞了，撞击的严重程度。

如果撞击得不严重，泄漏点很小，航天员可以用一些特殊材料堵住泄漏点，就像在地球上用透明胶来粘东西一样。

如果泄漏点很大，航天员会先用高压气瓶给空间站补气，让空间站里的压力保持正常，再来修补漏洞。

如果泄漏点实在太大，短时间内没办法修复，航天员就会紧急撤离到救生飞船上，提前返回地球。

当然，这些只是应对的办法，人类还是希望，太空中的空间碎片越少越好。这样对空间站和航天员来说，都是一件安全的事情。

所以，现在各国的航天机构已经开始积极应对清理空间碎片了。

中国的“遨龙一号”就是空间碎片主动清理飞行器。它就像一名太空清洁工，运用自己身上的机械手臂抓取周围的太空垃圾，再把垃圾拉到大气层烧毁，来达到清理的目的。

另外，还有用于熔化空间碎片的激光技术，或者把空间碎片的轨道抬高，送到不常用的轨道高度上去。

经过大家的共同努力，希望有一天，太空中能够少一些“垃圾”，多一份安宁。

第二十九问

未来的“天宫”能“长”多大？

亲爱的小伙伴们，读了这本书前面的所有内容，你一定感慨万分，觉得天宫空间站已经很厉害了。但其实，现在看到的还不是天宫空间站的最终模样。在未来，它还会继续“长大”！

科学家说，未来会通过发射新的舱段，让空间站最大扩展为180吨级的六舱组合体。想想都觉得超级壮观！

在最后一问，就提前“剧透”一下，空间站到时候还会增加哪些舱段吧。

现在的空间站是一个“T”字形，未来也许会增加一个核心舱和两个实验舱，共同形成“干”字形结构。

这些新的舱段，会具备更多功能。

比如，会有专门的货物气闸舱，它不仅能作为工作间，让航天员在里面做各种实验和研究，还能在轨组装卫星。简单说就是先把卫星的零件带上来，然后像在太空里搭积木一样，把卫星的各个部件组装起来，再投入运行。

如果空间站外部哪个设备出现问题，航天员可以在货物气闸舱里先准备好工具，然后再出舱维修。另外，货物气闸舱还能作为微重力及真空环境实验室，可以说是一舱多用。

除了新舱段，扩展后的空间站还会有很多新的技术。

比如会配置 3D 打印设备。有了这种设备，航天员可以根据需要打印出各种零件，或者特殊的工具，方便又简单。

配备能够自行规划、诊断、编程、决策的“空间智能机器人”，也是未来空间站的趋势。它们会成为航天员舱内外作业的好帮手，可以帮助、协助航天员做一些危险或者复杂的工作。

而且，未来的天宫空间站还会逐渐成为“太空母港”，以后会有更多的航天器到这里来接受服务、停靠补给等。

未来的空间站还有一个特别有意思的设想，就是可展开式充气密封舱。

这个充气密封舱，就像一个可以变大变小的气球一样，在发射的时候它是折叠起来的，占的空间比较小。等到了太空里，再充好气变成一个很大的舱体。

作为扩展舱体，如果以后人类要到月球上去生活，或者移民到更远的星球，就可以先在这个充气密封舱里做一些实验和研究，再决定去哪里长期生活。

随着智能化技术的发展，其实天宫空间站还有孪生的天宫“数字空间站”，也就是说，在地面上用电脑模拟出一个和真实空间站一模一样的空间站。

这个“数字空间站”会随着地面技术的发展变得越来越精细、越来越可信。

通过“数字空间站”，科技人员能更好地对真实的空间站进行运营管理和分析，提前发现问题、解决问题，让真正的空间站在太空里更安全、更稳定地运行。

天宫空间站的未来是不是特别令人期待啊？

也许在未来，你也会成为航天领域的专家。在所有航天人的共同努力下，天宫空间站一定会变得越来越强大。

特别感谢如下专家参与创作工作：张云翼、高云、李响

以下作者对本书亦有贡献：谢鹏、孙怡然、毛峰、王娟、陈曦、宗光耀、林钰涵、张雨佳